Basic of Tunisian Crochet for Beginners

最详尽的
阿富汗针编织入门教程

日本宝库社　编著

蒋幼幼　译

河南科学技术出版社

· 郑州 ·

目录

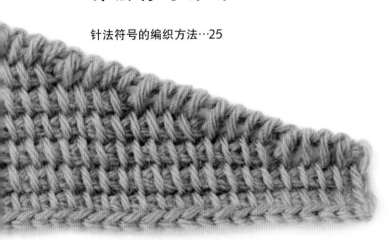

Part 1
Part 2
Part 3
Part 4
Part 5
Part 6
Part 7

阿富汗针编织针法符号一览

锁针
p.25

下针
p.25

退针
p.25

上针
p.26

挂针
p.26

内侧挂针
p.26

平针
p.27

上针的平针
p.27

长针
p.27

3针长针的枣形针
p.28

3针中长针的枣形针
p.28

扭针
p.28

滑针
p.29

浮针
p.29

引拔针
p.29

正拉针
p.30

长针的正拉针
p.30

1针放3针的加针
p.30

交叉针A
p.31

交叉针B
p.31

长针的交叉针
p.31

穿针交叉
p.32

锁针花
p.32

3针锁针的狗牙针
p.32

反针
p.33

退针的左上3针交叉
p.33

2针并1针
p.34

上针的2针并1针
p.34

退针的2针并1针
p.34

3针并1针
p.34

退针的3针并1针
p.35

退针的4针并1针
p.35

退针的5针并1针
p.35

从退针上挑针

分开退针的锁针挑针
p.35

整段挑起退针的锁针
p.35

从退针的锁针的里山挑针
p.35

从退针的锁针的里山挑针（上针）
p.35

4

Part 1
阿富汗针编织基础

"阿富汗针编织"融合了棒针和钩针两种编织技法,是手工编织的三大技法之一。在有些国家,这种技法也被称为 "Tunisian Crochet(突尼斯钩编)""Tricot Stitch(特里科编织)"和"Railway Stitch(铁路编织)"等。

阿富汗针编织的特点是"前进"和"后退"往返编织1次为1行。由于前进编织的纵向针目和后退编织的横向针目相互交织,完成的织物就像织布一样厚实。此外,这种编织还具有针目较大、纵横排列整齐、伸缩性小、不易拉伸松弛或收缩变形等特性。

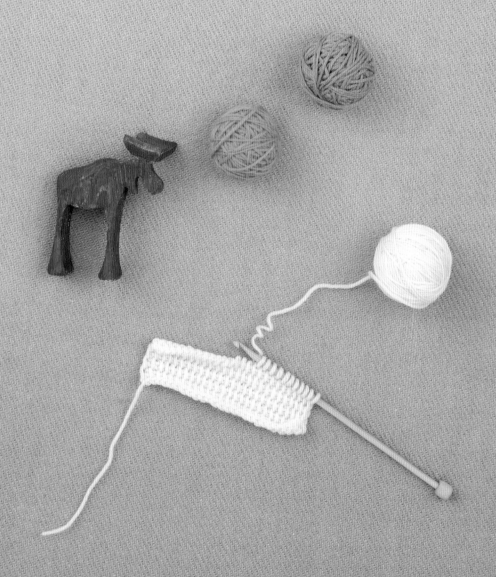

开始编织前······

关于阿富汗针

从形状上看,阿富汗针就像是棒针和钩针的组合。

其又分为单头阿富汗针和双头阿富汗针。单头阿富汗针只有一头是钩子,双头阿富汗针的两头是相同针号的钩子,要根据编织需要选择使用。

阿富汗针的粗细可以用针轴直径的毫米数表示,也可以用 5 号、6 号等号数表示。

现在越来越多的商家同时使用毫米数和号数来表示针号。

不过,日本以外的其他国家还是以毫米数表示为主。

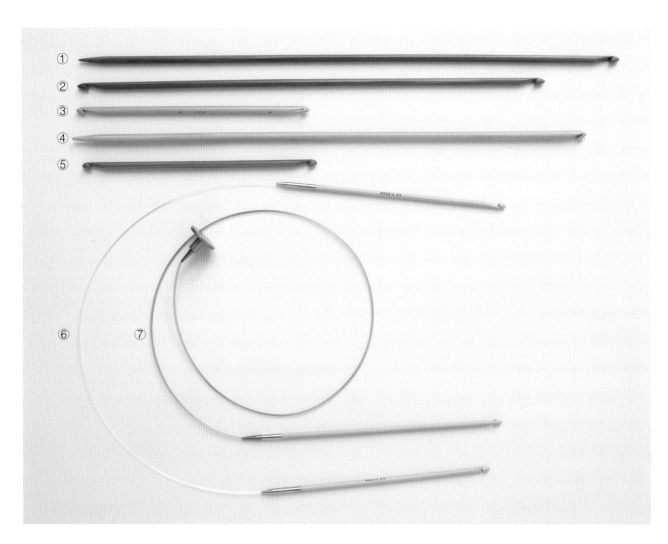

①单头阿富汗针 35cm

②双头阿富汗针 30cm

③双头阿富汗针 15cm(针上印有标记,方便确认正在用哪一端的针头编织)

④单头阿富汗针 33cm

⑤双头阿富汗针 15cm

⑥可替换针绳的阿富汗针(在针绳的两端接上阿富汗针,作为双头阿富汗针使用)

⑦可替换针绳的阿富汗针(在针绳的一端接上阿富汗针,在另一端装上堵头,作为单头阿富汗针使用。如果换成长一点的针绳,还可以编织更宽的织物)

阿富汗针的实物大小图片

0 号 （2.1mm）

1 号 （2.4mm）

2 号 （2.7mm）

3 号 （3.0mm）

4 号 （3.3mm）

5 号 （3.6mm）

6 号 （3.9mm）

7 号 （4.2mm）

8 号 （4.5mm）

9 号 （4.8mm）

10 号 （5.1mm）

11 号 （5.4mm）

12 号 （5.7mm）

13 号 （6.0mm）

14 号 （6.3mm）

15 号 （6.6mm）

针与线的关系

与棒针编织、钩针编织一样，阿富汗针编织时所用的线材与针的粗细匹配是非常重要的。

必须根据编织线材的粗细、成分以及想要编织的作品选择合适的针。

针号	针的实物大小图片	线的粗细	线的实物大小图片
5号		中细	
6号		中细、粗	
8号		中粗	
10号		极粗	
12号		极粗	
15号		超极粗	

要点

针的选择方法

阿富汗针编织时一般使用比线材标签上所写的适用针号数大2~3号的针。

不过，编织外套等作品时，

如果想编织得密实一点就用稍微细一点的针，

如果想用马海毛等线材编织得松软一点就用更粗的针。

也就是说，请根据自己想要的成品效果选择粗细合适的针。

另一点非常重要的是，编织作品前务必要编织样片以确认编织密度和编织效果。

用粗细匹配的针与线试编的样片（实物大小）

中粗羊毛线（8~10号）

中细马海毛线（3~6号）

带亮片的中细棉线（3~5号）

中粗粗花呢线（8~10号）

粗亚麻线（6~8号）

带亮片的中细马海毛线（5~6号）

超极粗羊毛线（15号~）

中粗棉线（8~10号）

持针方法和挂线方法

下面是使用阿富汗针编织的方法。

阿富汗针的形状是棒针和钩针的组合,前进编织和后退编织时的持针方法不同。

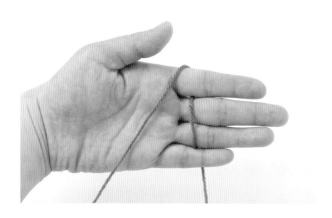

左手的挂线方法

与棒针编织或钩针编织时一样,将线从后往前挂在食指上。

前进编织

左手食指上挂线,并用拇指、中指和无名指轻轻拿住织物。
右手用拇指和食指从上方持住针,再用其余3指抵住。

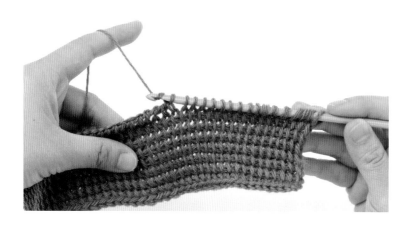

后退编织

左手的挂线方法与前进编织时相同。右手换成钩针编织时的持针方法。
用拇指和食指从下方拿住针,再用中指轻轻抵住。

织物比较宽时,将织物握在右手中,按相同方法持针。

锁针起针

像钩针编织一样,钩锁针起针。

因为要从起针的所有锁针上挑针,与钩针编织一样,起针时如果松紧度把握不好,

织物的起针行就会太紧或太松。

请先试编样片,再决定是用相同的针号还是换成大1~2号的针。

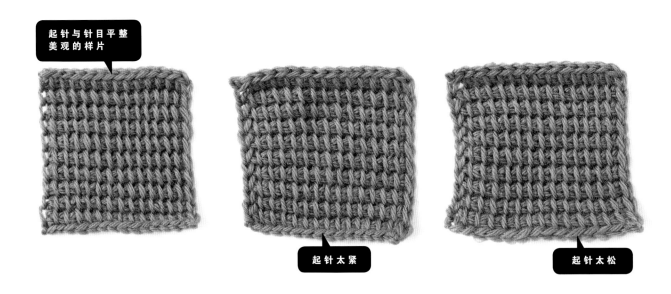

起针与针目平整美观的样片

起针太紧

起针太松

锁针起针的方法

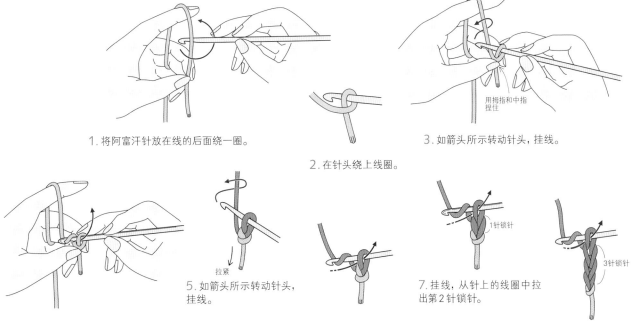

1.将阿富汗针放在线的后面绕一圈。

2.在针头绕上线圈。

3.如箭头所示转动针头,挂线。

用拇指和中指捏住

4.将线拉出,拉动线头收紧。

5.如箭头所示转动针头,挂线。

拉紧

6.将线从针上的线圈中拉出,1针锁针完成。

7.挂线,从针上的线圈中拉出第2针锁针。

1针锁针

8.重复"挂线后拉出",继续编织。

3针锁针

起针方法

阿富汗针编织与钩针编织一样钩锁针起针。

基本上都是共线锁针起针后继续编织。

做阿富汗针编织时，从起针上挑取的针目（第1行）一定是下针。

共线起针时针数的确定方法

起针时最后挂在针上的针目将成为第1行（前进编织）的第1针。

想编织出直角时，起针数＝所需针数，跳过第1针锁针，从第2针开始挑针。

想编织出圆角时，起针数＝所需针数减1针，从第1针锁针的里山开始挑针。

  1行　**下针**（前进编织的针目叫作竖针）

● **想编织出直角时**

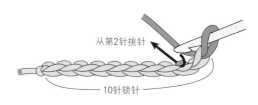

从第2针挑针

10针锁针

1. 跳过第1针锁针，从第2针锁针的里山开始挑针。

2. 挂线后拉出，编织前进针目。这一针叫作竖针。

3. 跳过第1针锁针挑针后，转角处呈直角。

● **想编织出圆角时**

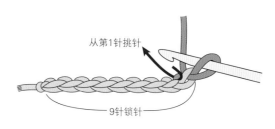

从第1针挑针

9针锁针

1. 从起针的第1针锁针开始挑针。

2. 挂线后拉出，编织第2针前进针目。

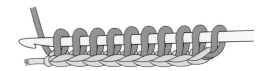

3. 转角处呈圆角。参见p.101的下摆，想编织出弧度时就使用这种方法。

从起针处挑针的方法

做阿富汗针编织时,为了避免边缘太厚,尽量从起针锁针的1根线里挑针。

●从起针锁针的里山挑针

一般情况下,这是最常用的方法。
编织起点和编织终点会呈现相同的状态。

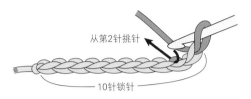

从第2针挑针

10针锁针

1.将针插入起针锁针的里山(1根线)。

2.挂线后拉出。

3.留下共线起针的锁针,整齐美观。

●从起针锁针的半针里挑针

从起针锁针的半针里挑针时,虽然挑针位置明确,操作也很简便,但是破坏了锁针的结构,边缘线就会不整齐。分成上下两侧编织时,或者希望起针具有一定的伸缩性时,都使用这种方法。

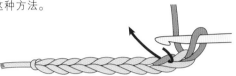

1.将针插入起针锁针的上方1根线里。

2.挂线后拉出。

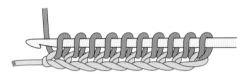

3.留下锁针的半针和里山。

另线起针时要锁针起针(事后要解开的起针)

用另线起针时要比所需针数多钩1~2针锁针。再用编织作品的线从锁针钩织起点一侧的里山挑针。
因为事后要解开,请务必从锁针的里山挑针。

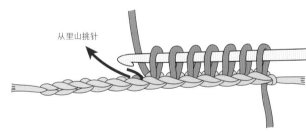

从里山挑针

  后退编织 从起针处挑针后一定要进行后退编织完成1行。

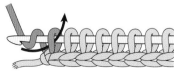

1.针头挂线,引拔穿过边上的1个线圈。

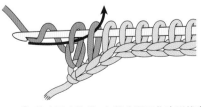

2.针头再次挂线,如箭头所示依次引拔穿过2个线圈。

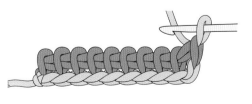

3.前进和后退往返编织1次就完成了1行。第1行一定是下针编织。

第2行以后的编织方法

基本阿富汗针编织

全部由下针构成的编织花样叫作"基本阿富汗针编织"。

A：左端需要缝合或编织边缘时

（从左端竖针的1根线里挑针）

前进编织

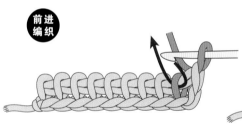

1. 挂在针上的针目就是第2行的第1针。将针插入第2针竖针，挂线后拉出。

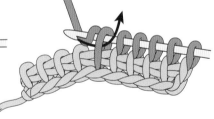

2. 依次从每针里挑取1针。

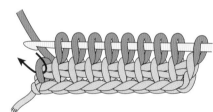

3. 左端最后一针也从竖针的1根线里挑针。

 后退编织

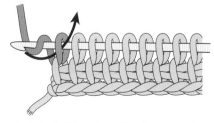

4. 按第1行的相同方法，针头挂线，引拔穿过1个线圈。

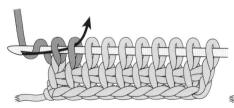

5. 针头再次挂线，依次引拔穿过2个线圈。

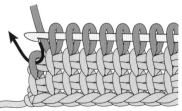

6. 第3行以后也按相同方法继续编织。

B：左端直接用作边缘时

（从左端的竖针以及后面的线共2根线里挑针）

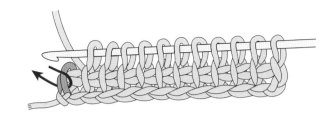

1. 前进时按 A 的相同方法编织至左端第2针。左端最后一针从第1行的竖针以及后面连接退针的线（共2根线）里挑针。

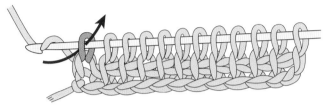

2. 后退时按 A 的相同方法编织。

3. 第3行以后也按相同方法继续编织。左端针目类似于平针的效果。与 A 相比，左端与右端一样不易拉伸变形。

要点

松紧适中的针目

基本阿富汗针编织的1针由竖针（前进编织时的针目）和右边相邻的横向锁针（后退编织时的针目）组成。一般情况下，所谓松紧适中的标准针目，它的纵长（行）大于横宽（针）会比较理想。编织时请注意松紧度的把握，避免竖针太短或者退针太紧。

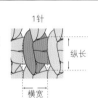

1针

纵长

横宽

松紧适中的织片

竖针太短，织片就会卷曲

上针的阿富汗针编织

这是阿富汗针编织的基础花样。前进时编织上针,后退时与基本阿富汗针编织方法一样。

不过,后退编织时,最边上的2针做一次性引拔穿过2个线圈,即编织成"退针的2针并1针"。

这是因为下针和上针的线圈挂在针上的方向相反,如果直接编织退针,边针与下一针之间的间隔就会扩大。

从符号图的第1行开始,左端的2针都编织成"退针的2针并1针"。

A:左端需要缝合或编织边缘时

(从左端竖针的1根线里挑针)

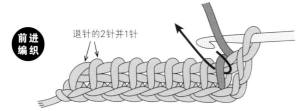

前进编织

退针的2针并1针

1.前进编织时将线放在织物的前面,将针插入第1行的竖针。

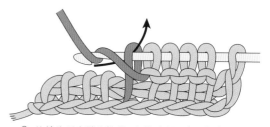

2.从前往后在针头挂线,如箭头所示向后拉出。

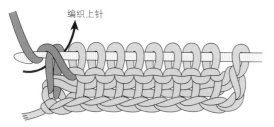

编织上针

3.编织上针至左端行末。在第1行后退时2针并1针后的2针竖针里分别编织1针上针。

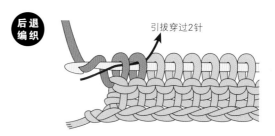

后退编织

引拔穿过2针

4.第2行后退时,也在左端编织"退针的2针并1针"。

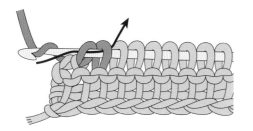

5.接下来与"基本阿富汗针编织"一样,针头挂线,依次引拔穿过2个线圈。

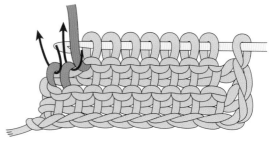

6.第3行以后也按步骤3的相同方法,在左端的竖针里各挑1针编织上针。

B：左端直接用作边缘时

（从左端的竖针以及后面的线共2根线里挑针）

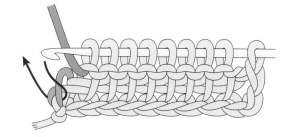

1. 前进编织时按A的相同方法编织至左端第2针。左端最后一针从第1行的竖针以及后面连接退针的线（共2根线）里挑针，编织下针。

退针的2针并1针

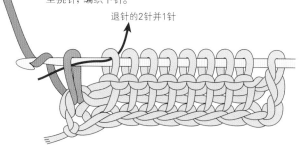

2. 后退编织时按A的相同方法编织。

（上针）

（下针）

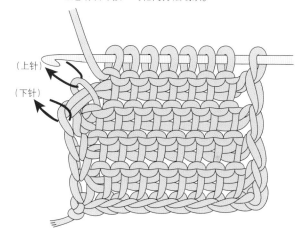

3. 第3行以后也按相同方法继续编织。左端针目类似于平针的效果。与A相比，左端与右端一样不易拉伸变形。

要点

错误的上针编织方法

如果挂线方法和出针方向错误，就不能编织出正确的上针。

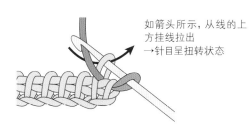

如箭头所示，从线的上方挂线拉出
→针目呈扭转状态

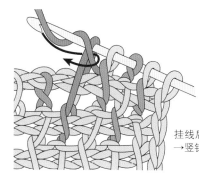

挂线后，向前面拉出针
→竖针的根部呈扭转状态

桂花针的阿富汗针编织

这是阿富汗针编织比较具有代表性的应用花样。

前进编织时交替着重复编织下针和上针,后退编织时与基本阿富汗针编织一样。

不过,后退编织时,左端最边上的2针要编织成"退针的2针并1针"。

这是因为下针和上针的线圈挂在针上的方向相反,如果逐一编织退针,边针与下一针之间的间隙就会扩大。

A:左端需要缝合或编织边缘时

(从左端竖针的1根线里挑针)

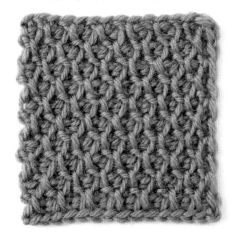

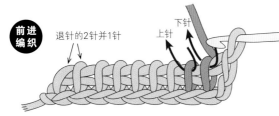

1.挂在针上的针目就是第2行的第1针。从第2针开始,将针插入第1行的竖针,交替编织下针和上针。

2.第1行的竖针呈八字形。

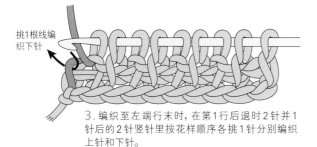

3.编织至左端行末时,在第1行后退时2针并1针后的2针竖针里按花样顺序各挑1针分别编织上针和下针。

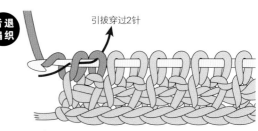

4.与第1行一样,针头挂线,在左端2针里编织"退针的2针并1针"。

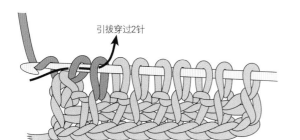

5.接着在针头挂线,依次引拔穿过针上的2个线圈。

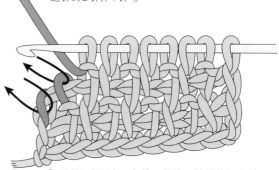

6.从第3行开始,在前一行的下针里编织上针,在上针里编织下针。在左端编织2针并1针后的2针竖针里各挑1针分别编织下针或上针。

B：左端直接用作边缘时

[从左端的竖针以及后面的线（共2根线）里挑针]

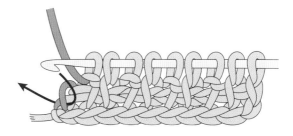

1.前进编织时按A的相同方法编织至左端第2针。左端最后一针从第1行的竖针以及后面连接退针的线（共2根线）里挑针，编织下针。

退针的2针并1针

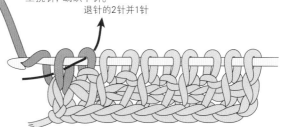

2.后退编织时按A的相同方法编织。

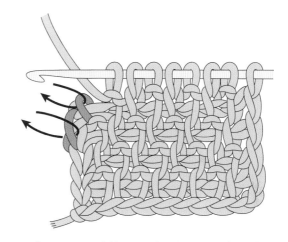

3.第3行以后也按相同方法继续编织。左端针目类似于平针的效果。与A相比，左端与右端一样不易拉伸变形。

小专栏

后退编织时，什么情况下左端要编织2针并1针？

比如边上第2针是上针，即挂在针上的线圈方向与下针相反时，如果逐一编织退针，边针与第2针之间的间隙就会扩大。如果编织退针的2针并1针，边针就会比较整齐。由于符号图上不会有特别标示，是否编织退针的2针并1针要靠编织者自己来判断。不确定时可以编织看看，如果左端2针的间隙比较大，就试试编织退针的2针并1针。

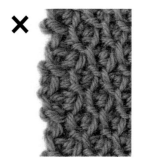

✕

左端2针之间的间隙比较大

〇

左端2针之间的间隙与其他针目一致

如何看懂阿富汗针编织符号图

单头阿富汗针编织的符号图表示的全部是从正面看到的织物状态。

上下2格为1组表示1针1行，下一行是前进编织的符号，上一行是后退编织的符号。

右端后退编织的最后一针就是前进编织时的第1针，所以无论编织什么花样这一针都是下针。

符号图

基本阿富汗针编织

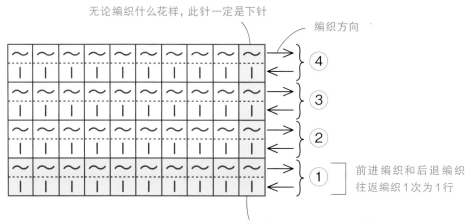

无论编织什么花样，此针一定是下针

编织方向

④

③

②

①　前进编织和后退编织往返编织1次为1行

从起针处挑取的针目一定是下针

桂花针的阿富汗针编织

左端编织"退针的2针并1针"时，符号图上也不会有特别标示

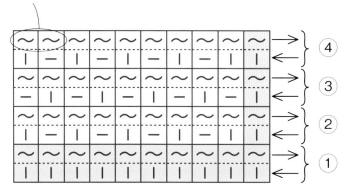

④

③

②

①

针目的数法

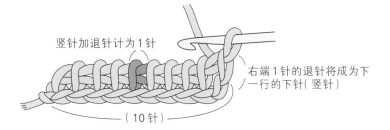

竖针加退针计为1针

右端1针的退针将成为下一行的下针（竖针）

（10针）

※右端缺少1针退针。编织作品时，建议提前考虑到"右端少1针退针"的情况，在根据密度推算出的针数基础上增加1针

收针方法

虽然像钩针编织的引拔针一样做引拔收针，但是收针的同时要延续最后一行的针法。
所以，编织花样不同，引拔的方法也不一样。

● 基本阿富汗针编织：下针的引拔收针

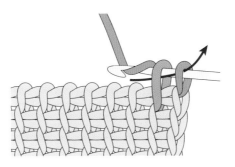
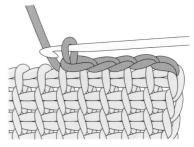

1. 将针插入前一行的第2针竖针，挂线，一次性引拔穿过针上的2个线圈。

2. 从第2针开始按相同方法继续引拔。

● 编织出直角的方法

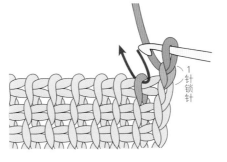

1针
锁针

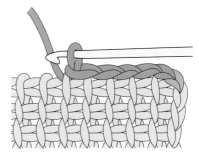

1. 先钩1针锁针，再如箭头所示将针插入第2针竖针，按相同方法引拔。

2. 转角处呈直角。

● 上针的阿富汗针编织：上针的引拔收针

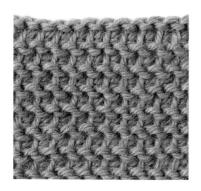

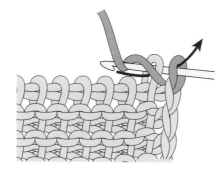

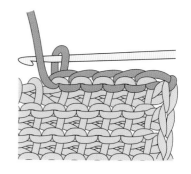

1. 将线放到织片前，将针插入前一行的竖针，从前往后在针上挂线，向后一次性引拔穿过针上的2个线圈。

2. 按上针的编织方法继续引拔。需要注意的是，如果向前引拔，针目就会发生扭转。

● 桂花针的阿富汗针编织：桂花针的引拔收针

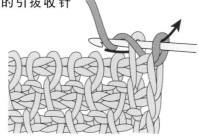

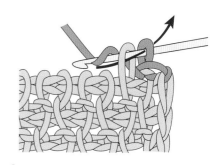

1. 最后一行是下针时，按上针的编织方法向后引拔。

2. 最后一行是上针时，按下针的编织方法引拔。

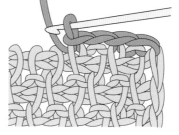

3. 重复以上方法进行引拔收针。

要点

注意不要在下针里编织下针的引拔针

这是一针一行的桂花针花样。如果在下针里编织下针的引拔针、在上针里编织上针的引拔针，编织终点就会呈现2行相同的连续针目。桂花针的收针方法一定是按与最后一行相反的针法做引拔收针。

○

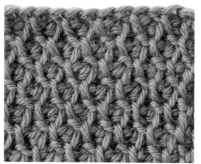

"在下针里编织上针的引拔针、在上针里编织下针的引拔针"收针后的状态。

✕

"在下针里编织下针的引拔针、在上针里编织上针的引拔针"收针后的状态。

换线方法及线头处理

尽量在两端边上换线，织片会比较美观。
中途换线时要注意线头处理。在边上换线时的线头处理请参照p.38。

● 在左端换线

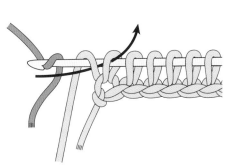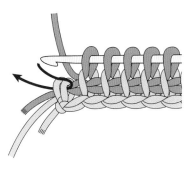

1. 将刚才编织的线从前往后挂在针上暂停编织，用新线引拔穿过针上的挂线以及边针，接着编织退针。

2. 下一行前进编织时，左端连同挂线一起在2根线里挑针编织。

● 在右端换线

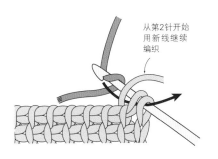

从第2针开始用新线继续编织

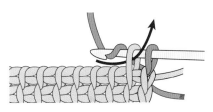

1. 在编织退针的最后一针前换线，用新线引拔。

2. 从第2针开始用新线继续编织。

● 在编织过程中换线

在前进编织时换线

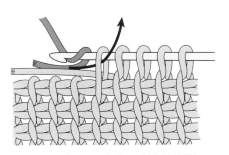

直接放下刚才编织的线头，用新线继续编织。2根线头均留出10cm左右，最后再做线头处理。

在后退编织时换线

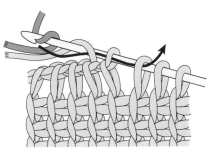

将刚才编织的线从前往后挂在针上，用新线一起引拔。留出10cm左右的线头，最后再做线头处理。

线头处理

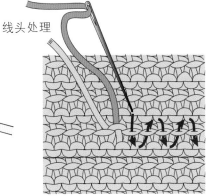

将编织过程中换线时留出的线头分别穿入手缝针，将线头穿在反面的针目里，注意线迹不要露出正面。

Part 2
针法符号详解

阿富汗针编织的一部分针法符号是根据JIS（日本工业规格）制定的。很多符号的形状和名称都与棒针编织、钩针编织的符号相似，简单易学。下面就让我们一起来学习每个符号的正确编织方法吧！

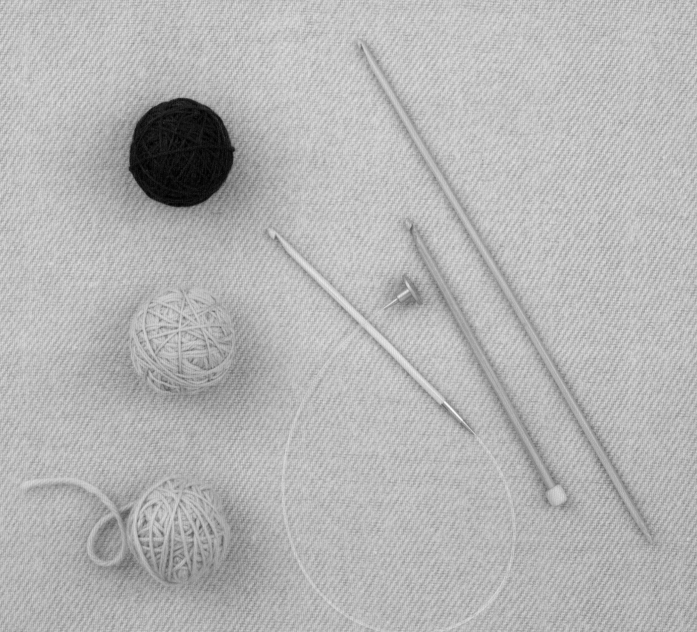

针法符号的编织方法

锁针

主要用于起针，不过镂空花样中后退编织时有时也会用到锁针。

最初的针目
不计入针数

1针锁针

3针锁针

1. 将线从绕在针上的线圈中拉出。拉紧线头，最初的针目完成。

2. 从后往前在针头挂线后拉出，1针锁针完成。

3. 重复"挂线后拉出"，继续编织。

下针

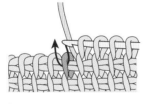
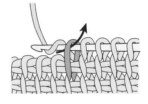
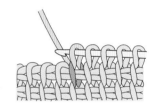

1. 如箭头所示将针插入前一行的竖针。

2. 从后往前在针头挂线后拉出。

3. 下针完成。这就是基本阿富汗针编织的前进针目（竖针）。

退针

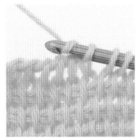
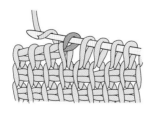

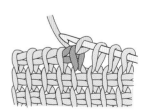

1. 从后往前在针头挂线。

2. 如箭头所示一次性引拔穿过针上的2个线圈。

3. 退针完成。

上针

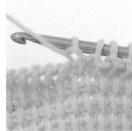

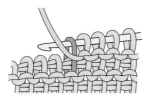

1. 将线放到前面，将针插入前一行的竖针。

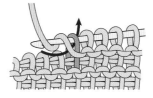

2. 从前往后挂线，如箭头所示向后拉出。

3. 上针完成。

挂针

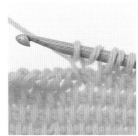

1. 在符号位置，从后往前在针头挂线。

2. 跳过前一行的1针竖针，编织下一针。

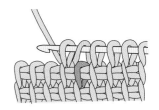

3. 挂针完成。

内侧挂针

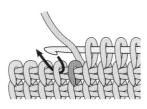

1. 在符号位置，从前面将线挂在针上。

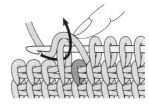

2. 用手指按住挂线以免滑落，跳过前一行的1针竖针，编织下一针。

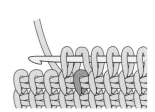

3. 内侧挂针完成。

平针

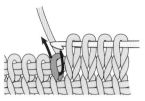

1. 从前一行退针的下方将针插入竖针的中间。

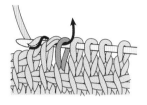

2. 挂线，如箭头所示拉出。

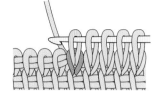

3. 平针完成。

上针的平针

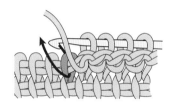

如箭头所示，从退针的下方将针插入竖针的中间，按上针的编织方法将线拉出。

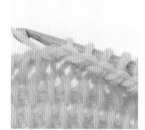

长针

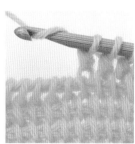

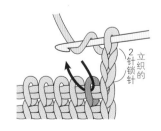

1. 针头挂线，将针插入前一行的竖针，接着挂线拉出。

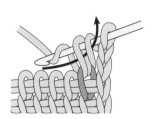

2. 再次挂线，一次性引拔穿过针头的2个线圈。

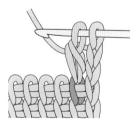

3. 长针完成。

3针长针的枣形针

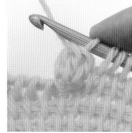

1.针头挂线,将针插入前一行的竖针,挂线后拉出。

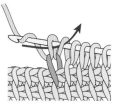

2.再次挂线,一次性引拔穿过针头的2个线圈编织长针。

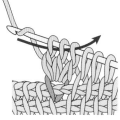

3.在同一个针目里再编织2针长针。再次挂线,一次性引拔穿过针头的3个线圈。

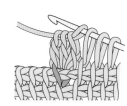

4.3针长针的枣形针完成。

3针中长针的枣形针

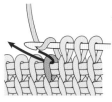

1.针头挂线,将针插入前一行的竖针,挂线后拉出。

2.再重复2次步骤1的做法。

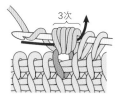

3.再次挂线,一次性引拔穿过针头的6个线圈。

4.3针中长针的枣形针完成。

扭针

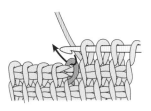

1.如箭头所示将针插入前一行的竖针。

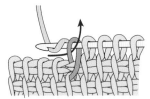

2.针头挂线后拉出。

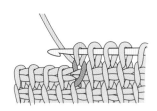

3.扭针完成。

滑针

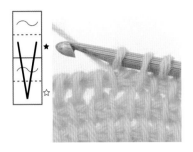

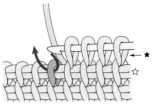

1. 将线放在针的后面，挑起前一行的竖针不编织，直接移至针上。

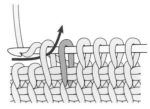

2. 滑针完成。下一针正常编织。

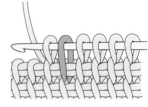

3. 滑针的渡线位于织物的反面。

浮针

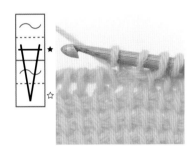

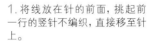

1. 将线放在针的前面，挑起前一行的竖针不编织，直接移至针上。

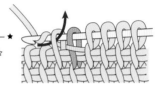

2. 浮针完成。下一针正常编织。

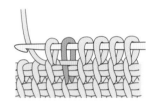

3. 浮针的渡线位于织物的正面。

引拔针

※ 下针引拔的情况（同样是引拔针符号，有时也会采取不同的方法引拔）

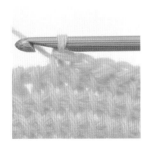

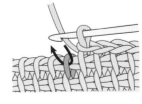

1. 将针插入前一行的竖针。

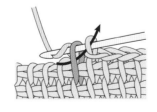

2. 针头挂线，一次性引拔穿过针上的2个线圈。

3. 引拔针完成。

正拉针

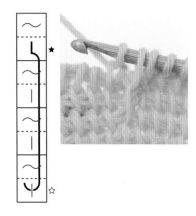

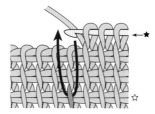

1. 将针插入符号下端的竖针。（为符号图往下数的第3行）

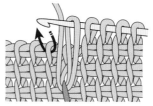

2. 挂线后长长地拉出。正拉针完成。

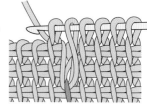

3. 下一针正常编织。

长针的正拉针

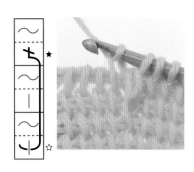

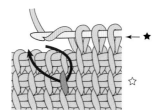
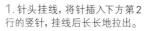

1. 针头挂线，将针插入下方第2行的竖针，挂线后长长地拉出。

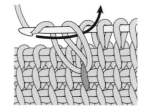

2. 再次挂线，一次性引拔穿过针上的2个线圈。

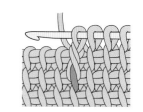

3. 长针的正拉针完成。

1针放3针的加针

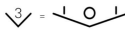

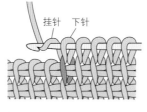

挂针　下针

1. 在前一行的1针里编织指定针数。（符号图为3针）先编织1针下针，接着挂针。

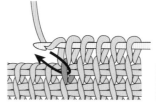

2. 在同一个针目里再编织1针下针。

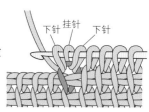

下针　挂针　下针

3. 1针放3针的加针完成。

交叉针 A

1. 跳过前一行的1针竖针，将针插入下一针编织下针。

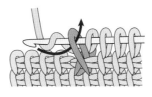

2. 挑起刚才跳过的针目编织下针。

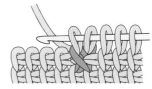

3. 交叉针完成。前一针竖针交叉在上方。

 交叉针 B

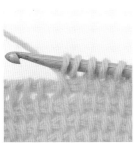

1. 将针插入前一行的2针竖针，挂线后一次性引拔。

2. 如箭头所示将针插入前一针竖针。

3. 挂线后拉出，编织下针。

4. 交叉针完成。呈现后面的竖针从前一针竖针中间穿出的交叉状态。

 长针的交叉针

1. 跳过前一行的1针竖针，挂线，将针插入下一针编织长针。

2. 针头挂线，挑起刚才跳过的针目编织长针。

3. 长针的交叉针完成。

穿针交叉

 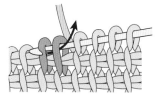 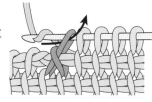 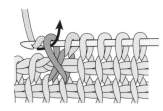

1.将针插入右侧的竖针,将下一针竖针拉出。

2.在拉出的竖针里编织下针。

3.在第1针(步骤1中穿过的针目)里编织下针。

锁针花

  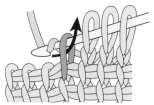 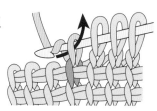 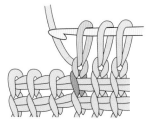

1.如箭头所示将线拉出,编织1针下针。

2.再次挂线后拉出。

3.将刚才拉出的针目拉长,约相当于下针的2倍长。锁针花完成。

 3针锁针的狗牙针

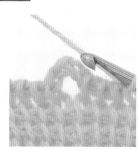 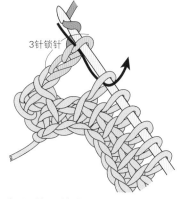

3针锁针

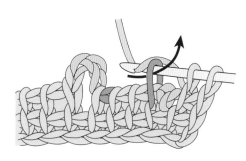

1.在后退编织时操作。钩3针锁针,接着编织下一针退针。

2.在下一行前进编织时,将3针锁针的狗牙针向前面倒后继续编织。

反针

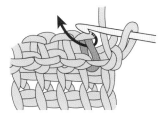

1. 将前一行的退针向前面倒，将针插入后面的竖针。

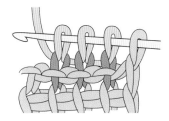

2. 挂线后拉出。前一行退针的里山出现在前面。

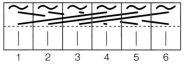

~	~	~	~	~	~
1	2	3	4	5	6

退针的左上3针交叉

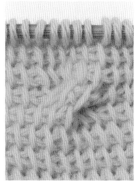

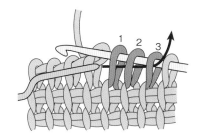

1. 在后退编织时操作。暂时取下针头的针目，将针目1~3移至麻花针上。

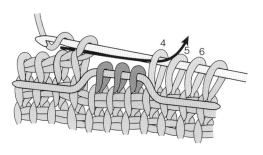

2. 将移至麻花针上的针目放在织片的前面，将刚才取下的针目穿回针上，在针目4~6里编织退针。

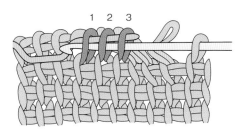

3. 暂时取下针头的针目，将麻花针上的针目1~3移回至阿富汗针上。

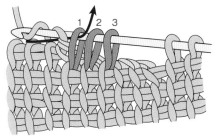

4. 将刚才取下的针目穿回针上，在针目1~3里编织退针。左边的3针交叉在上面。

2针并1针

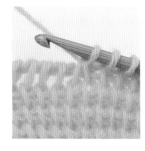

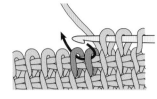

1.将针插入前一行的2针竖针。

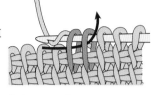

2.挂线后拉出。

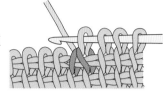

3.2针并1针完成。2个符号图的操作方法相同。

上针的2针并1针

将线放在前面,将针插入前一行的2针竖针,编织上针。

退针的2针并1针

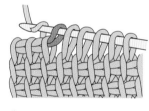

1.在后退编织时操作。针头挂线。

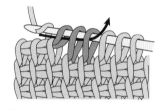

2.一次性引拔穿过退针的1个线圈和竖针的2个线圈(共3个线圈)。

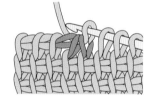

3.退针的2针并1针完成。2个符号图的操作方法相同。

3针并1针

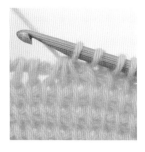

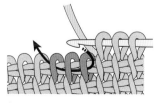

1.将针插入前一行的3针竖针。

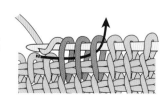

2.挂线后拉出。

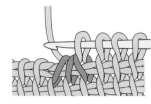

3.3针并1针完成。

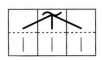 **退针的3针并1针**

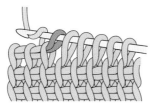

1. 在后退编织时操作。针头挂线。

2. 一次性引拔穿过退针的1个线圈和竖针的3个线圈（共4个线圈）。

3. 退针的3针并1针完成。

 **退针的4针并1针**

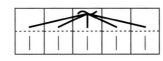 **退针的5针并1针**

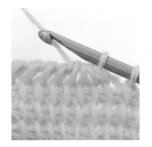

按"退针的3针并1针"的相同方法编织，一次性引拔穿过针上的5个线圈。

按"退针的3针并1针"的相同方法编织，一次性引拔穿过针上的6个线圈。

从退针上挑针（也用于加针时）

 分开退针的锁针挑针

 整段挑起退针的锁针

 从退针的锁针的里山挑针

从退针的锁针的里山挑针（上针）

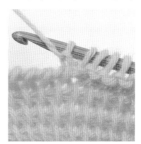

Part 3
配色编织的方法

在丰富多彩的配色编织中，可以轻松挑战的是条纹花样。灵活利用阿富汗针编织往返1次为1行的特点，可以编织出各种条纹花样。而且，通过横向渡线或纵向渡线，还可以编织出更加复杂的配色花样。

条纹花样

● 在前进编织时换线
总是在织物的右侧换线。

A：细条纹
编织1行或2行的细条纹时无须断线，换色时将原来的线暂停编织，等到下次换色时在织物的右端渡线继续编织。此处用每2行换色的双色条纹花样进行说明。

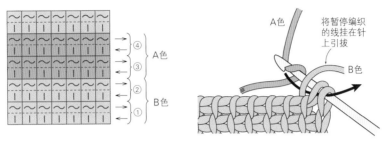

1. 在编织第2行的最后一针退针前换线，用A色线引拔。

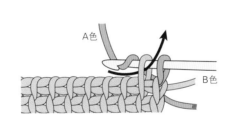

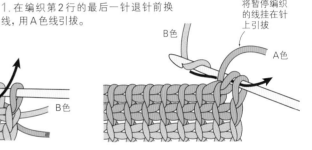

2.B色线暂停编织，从第3行的第2针前进针目用A色线继续编织。

3. 这是第4行的最后一针退针。按步骤1的相同方法，将A色线暂停编织，换成B色线。

B：粗条纹
当配色的间隔行数较多时，每次换色都要将线剪断，之后再做线头处理。

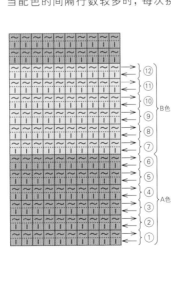

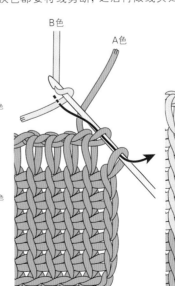

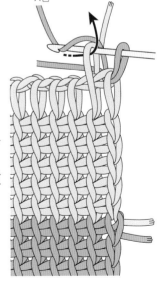

1. 在编织第6行的最后一针退针前，A色线留出少量线头剪断，换成B色线引拔。

2. 在编织第12行的最后一针退针时换线。B色线留出少量线头剪断，用A色线继续编织。

●在后退编织时换线　总是在织物的左侧换线。

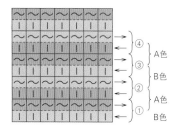

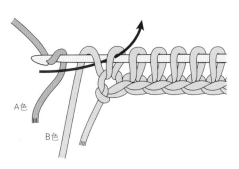

1. 前进编织至末端。编织第1行的第1针退针时，将B色线从前往后挂在针上暂停编织，换成A色线。将A色线一次性引拔穿过挂线和第1针，接着编织退针。

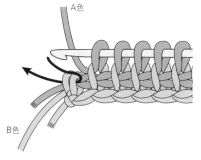

2. 第2行继续用A色线编织前进针目。左端连同挂线一起挑针编织。

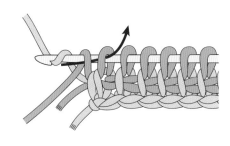

3. 第2行后退时按步骤1的相同方法编织，将A色线从前往后挂在针上暂停编织，换成B色线编织退针。

要点

线头处理

将线头穿入手缝针，在反面的针目里劈线穿针，注意线迹不要露出正面。配色编织时，将线头缠绕着穿在同色的边针里，最后剪掉多余的线头。

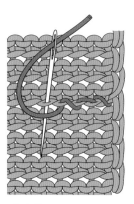

穿在针目里

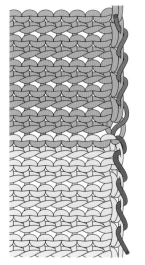

穿在边针里

Part 3　配色编织的方法

配色花样

●横向渡线的配色花样

这种方法适用于编织小花样或整体横向连续的花样。一边横向渡过暂时不用的线，一边继续编织。

正面	反面

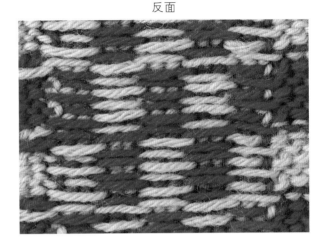

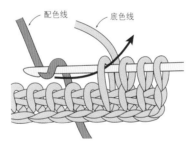

虽然符号图上左右两侧的针数相同，
由于最右端少1针退针（其实变成了下一行的第1针），织物不可能完全左右对称。
因此，如果想编织出对称的效果，可将中心错开1针。

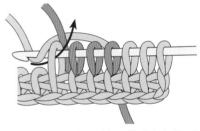

1. 第2行的前进编织。在换成配色线的位置加入新线编织。

2. 用配色线编织3针后，换成底色线，从配色线的下方渡线编织。

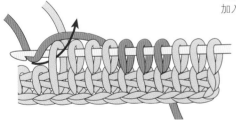

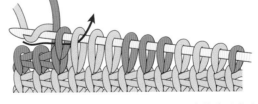

3. 换成配色线时，从底色线的上方渡线编织。

4. 后退时，用前进时相同颜色的线编织。第一次换线时，将底色线和配色线交叉以免出现小洞。

反面的渡线很长时的编织方法

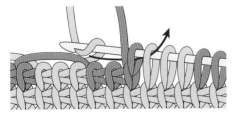

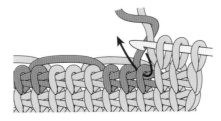

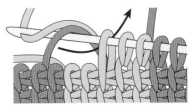

5. 与前进编织时一样，按"底色线在下、配色线在上"的方法渡线编织退针。

6. 第3行的前进编织也一样，第一次换线时，将底色线和配色线交叉以免出现小洞。

在下一行挑起竖针时，连同前一行长长的渡线一起挑针编织。

●纵向渡线的配色花样

这种方法适用于编织大花样或纵向连续花样。

在每个花样上加入新线，换线时交叉两种颜色的线后继续编织，以免交界处出现小洞。

正面　　　　　　　　　　　　　　　　　　反面

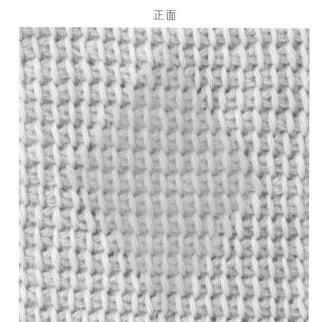
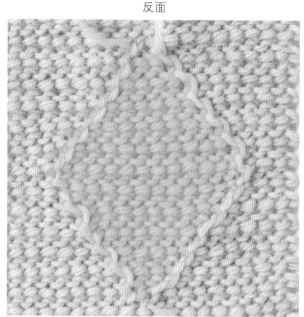

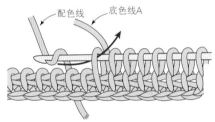

1.第2行的前进编织。编织7针后，加入配色线编织1针。

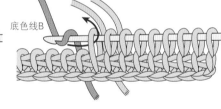

2.下一针虽然是底色线，也要另外加入底色线B。

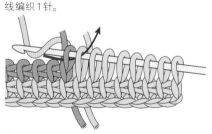

3.后退编织时用与前进编织相同颜色的线编织。换线时要在反面将线交叉一下。

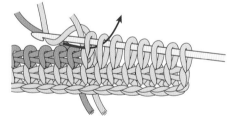

4.换成底色线A。在换线的交界处同样将线交叉一下。

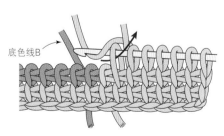

5.第3行的前进编织。按符号图将前一行的线拉上来编织。换线时一定要在反面将线交叉一下。

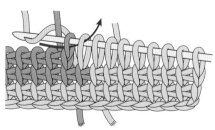

6.后退与前进一样，每次换线都要在反面将线交叉一下。

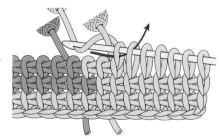

7.换线位置需要分别准备一个线团，如底色线A、B和配色线。

●纵向渡线的竖条纹花样

按纵向渡线的配色编织方法编织竖条纹花样。

正面

反面

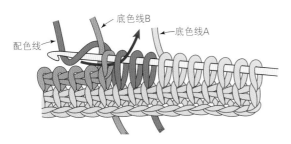

1. 第2行的后退编织。按与p.40的相同方法编织,因为是竖条纹花样,所以一直在相同位置换线。

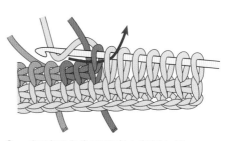

2. 一定要将配色线从下面拉上来交叉一下。

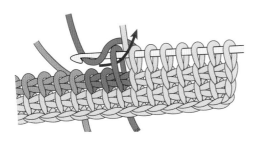

3. 在前进编织时换线也一样,一定要将线交叉一下。

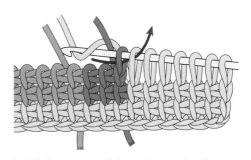

4. 换线位置需要分别准备一个线团,如底色线A、B和配色线。

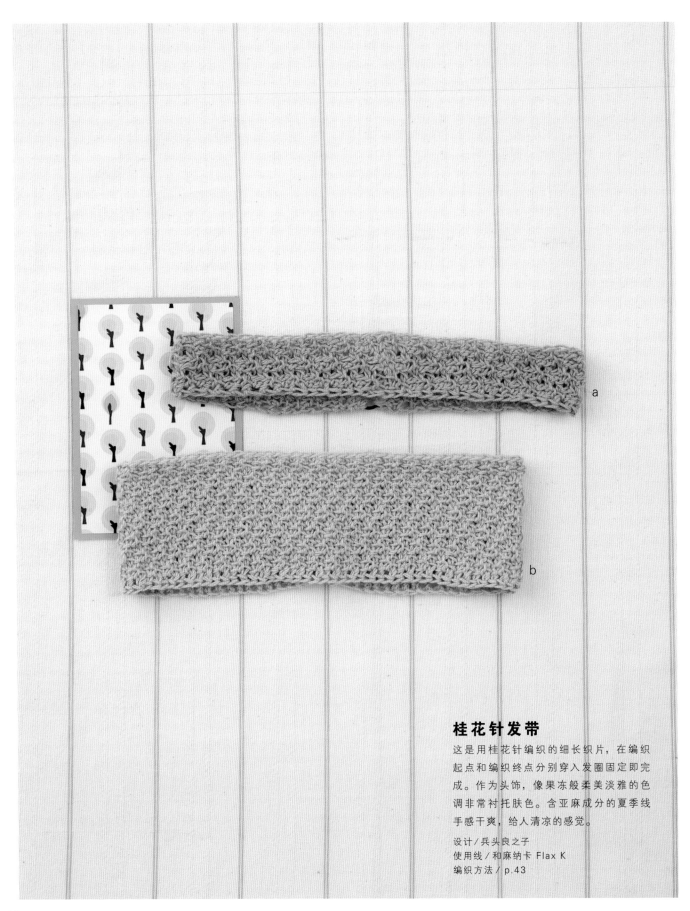

桂花针发带

这是用桂花针编织的细长织片，在编织起点和编织终点分别穿入发圈固定即完成。作为头饰，像果冻般柔美淡雅的色调非常衬托肤色。含亚麻成分的夏季线手感干爽，给人清凉的感觉。

设计／兵头良之子
使用线／和麻纳卡 Flax K
编织方法／p.43

How to make
桂花针发带

●**线** 和麻纳卡 Flax K a 灰粉色（206）20g，b 薄荷绿色（212）30g

●**针** 3.6mm 的阿富汗针（5号）

●**其他** 发圈 a 直径10cm，b 直径17cm

●**编织密度** 10cm×10cm 面积内：编织花样 A 23 针，13.5行；编织花样 B 23针，18行

●**成品尺寸** a 头围48cm，宽3.5cm；b 头围48cm，宽7cm

●**编织要点**

a、b 都是钩指定针数的锁针起针后开始编织。分别按编织花样 A、B 编织指定的行数。编织结束时，一边按花样继续编织一边做引拔收针。最后，参照组合方法装上发圈。

a 引拔收针 b

50（67行）灰粉色

50（90行）（编织花样B）薄荷绿色

3.5（8针）起针

7（16针）起针

※全部使用3.6mm的阿富汗针编织

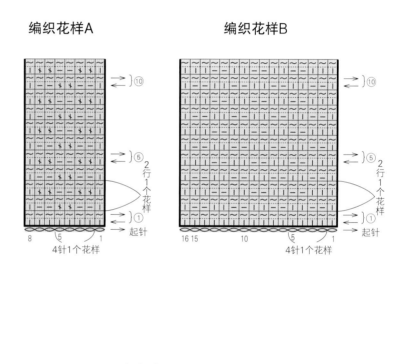

编织花样A

编织花样B

2行1个花样

起针

8　5　1

4针1个花样

2行1个花样

起针

16 15　10　5　1

4针1个花样

组合方法（a、b相同）

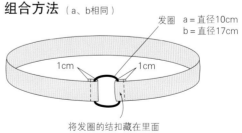

发圈　a＝直径10cm
　　　b＝直径17cm

1cm　　1cm

将发圈的结扣藏在里面

※ 编织图中凡是未标明单位的数字均以厘米（cm）为单位

五彩迷你垫

推荐用这几款作品练习阿富汗针的编织花样。用顺滑、富有光泽的棉线编织成正方形即可。玫红色的是桂花针花样；翠蓝色和芥末黄色的条纹花样十分清新，粉红色和薄荷蓝色的格子花样充满朝气。

设计/兵头良之子 制作/土桥满英
使用线/和麻纳卡 Wash Cotton
编织方法/p.45

a

b

c

How to make
五彩迷你垫

●线　和麻纳卡 Wash Cotton　a 玫红色（34）15g；b 翠蓝色（26）10g，芥末黄色（27）5g；c 粉红色（35）10g，薄荷蓝色（37）5g

●针　3.5mm 的阿富汗针（4~5号）

●编织密度　10cm×10cm 面积内：桂花针21.5针，18.5行；基本阿富汗针编织、配色花样均为21.5针，17行

●成品尺寸　a、b、c 均为13cm×13cm

●编织要点

钩28针锁针起针，a、b、c 参照符号图分别按桂花针、基本阿富汗针编织条纹花样、配色花样编织指定的行数。编织结束时做引拔收针。做桂花针的引拔收针时，在下针里编织上针的引拔针，在上针里编织下针的引拔针。a、b、c 的左端均在2根线里挑针编织边针。

※全部使用3.5mm的阿富汗针编织

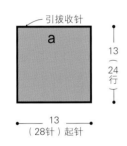

（基本阿富汗针编织条纹花样）

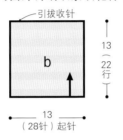

（配色花样）

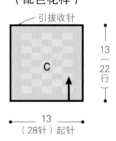

桂花针

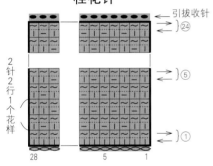

基本阿富汗针编织条纹花样

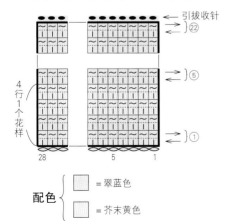

配色 { □ = 翠蓝色　□ = 芥末黄色 }

配色花样

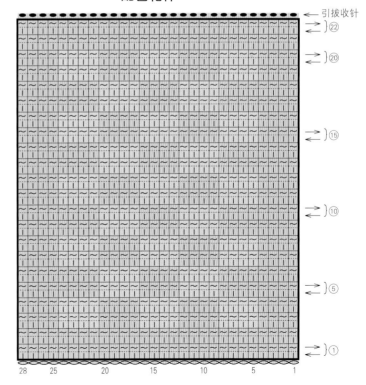

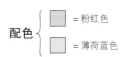

配色 { □ = 粉红色　□ = 薄荷蓝色 }

实物粗细

夏日披肩

这款手感轻柔舒适的披肩透着一股雅致的怀旧气息。方便实用，可在春夏秋3个季节佩戴。薄荷绿色部分是起伏针，米色部分是桂花针，紫色部分则加入了狗牙针。

设计／兵头良之子　制作／土桥满英
使用线／和麻纳卡 Flax K
编织方法／p.47

● 线　和麻纳卡 Flax K 米色（12）75g，薄荷绿色（212）70g，紫色（15）40g

● 针　4.0mm 的阿富汗针（6~7号）

● 编织密度　10cm×10cm 面积内：编织花样 A 20 针，16.5 行；编织花样 B 20 针，18.5 行；编织花样 C 20 针，16 行

● 成品尺寸　宽22cm，长120cm

● 编织要点

钩锁针起针后按编织花样 A、B、C 编织。左端的前进针在 2 根线里挑针编织。编织花样 A 和 B 在后退编织时，如果左端第 2 针是上针，将最初的退针编织成"退针的 2 针并1针"。编织结束时，做引拔收针。

引拔收针

（编织花样A）薄荷绿色	24（40行）
（编织花样B）米色	24（44行）
（编织花样C）紫色	24（39行）
（编织花样B）米色	24（44行）
（编织花样A）薄荷绿色	24（40行）

120（207行）

※全部使用4.0mm的阿富汗针编织

配色 ⌇ = 薄荷绿色　= 米色　= 紫色

←— 22（44针）起针 —→

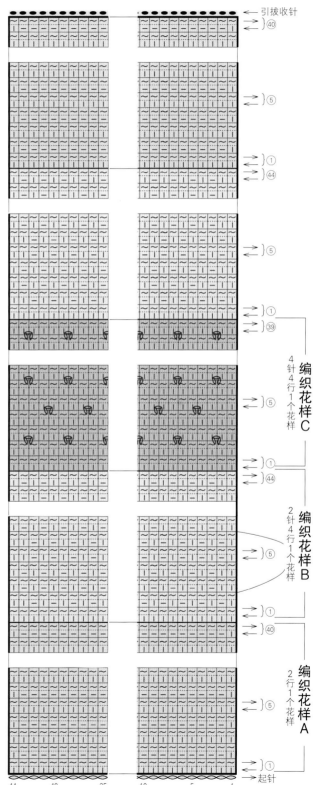

← 引拔收针

}40
}5
}1
}44
}5
}1
}39

}5
}1
}44

}5
}1
}40

}5
}1 ← 起针

44　40　35　　10　5　1

4针4行1个花样　编织花样C

2针4行1个花样　编织花样B

2行1个花样　编织花样A

实物粗细

大号盖毯

这条粗细相间的条纹盖毯集合了阿富汗针编织的"基础技法"。和风和现代感相融合的配色自然和谐，让人倍感亲切。小花样、配色和细条纹的交替重复，营造出复杂的纹理变化。

设计／兵头良之子　制作／Yukie
使用线／芭贝 Queen Anny
编织方法／p.49

How to make
大号盖毯

●**线** 芭贝 Queen Anny 暗玫红色（978）160g，粉红色（970）120g，浅灰色（976）115g，浅灰蓝色（951）90g，肉粉色（108）85g，浅紫红色（984）40g

●**针** 6.5mm 的阿富汗针（14~15号）

●**编织密度** 10cm×10cm 面积内：桂花针、桂花针条纹均为14针，12行；起伏针条纹14针，13.5行；编织花样 A、B 均为14针，11.5行

●**成品尺寸** 宽66cm，长131cm

●**编织要点**

锁针起针后开始编织。用指定颜色的线按桂花针、编织花样 A 和 B、起伏针条纹、桂花针条纹编织。所有花样左端的前进针都在2根线里挑针编织，桂花针、桂花针条纹以及起伏针条纹最初的退针都编织成"退针的2针并1针"。编织结束时，做桂花针的引拔收针。

配色：
= 暗玫红色　= 浅灰蓝色　= 浅灰色
= 肉粉色　= 粉红色　= 浅紫红色

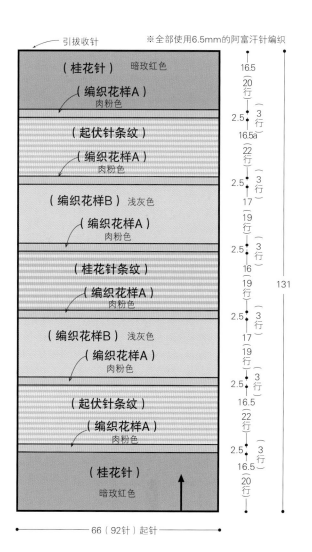

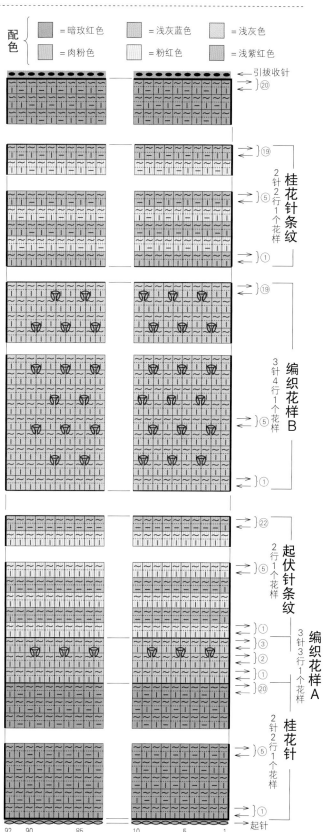

Part 4
编 织 形 状

阿富汗针编织中需要注意的是：2针以上的加、减针和引返编织时，左右两侧的编织方法是不一样的。加、减针不只是用在上衣的袖窿和领窝部位，学会了加、减针还可以自由随意地编织出任何形状。

减针

2 针以上的减针、1 针的减针、前进编织时的减针、退针的减针、左右两侧不同的编织方法等，
下面就用袖窿和领窝的编织图解进行说明。

袖窿

右侧通过引拔收针和退针的 2 针并 1 针编织出形状，
左侧做 2 针以上的减针时直接留针不编织，之后再做整理编织。

左侧

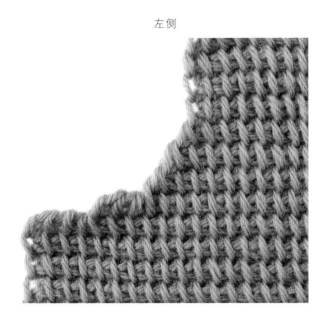

右侧

加线

剪线

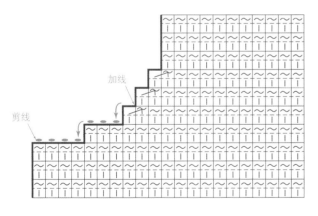

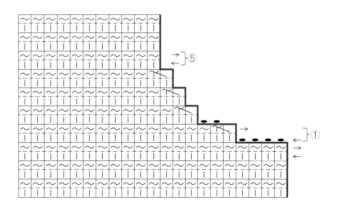

2 针以上的减针

右侧

1. 第 1 行的前进编织。将针插
入第 2 针竖针，挂线后一次性
引拔穿过针上的 2 个线圈。

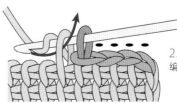

2. 按符号图上的引拔针数
编织引拔针。

右侧

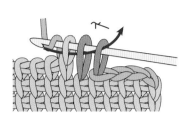 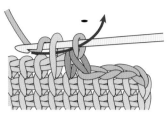

3.第1行后退时,在最后的2针编织
"退针的2针并1针"。

4.第2行的前进编织。将针插入第2
针竖针,挂线后一次性引拔穿过针上
的2个线圈。

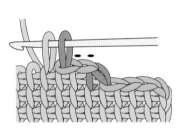 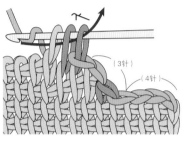

5.按符号图上的引拔针数编织引拔
针。

6.1针的减针在后退时编织。在最后
一次性引拔穿过针上的3个线圈,减
去1针。

左侧

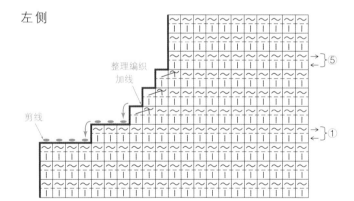

整理编织
加线

剪线

1针的减针

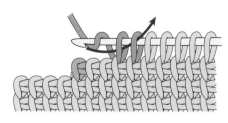

1.第1行前进编织时,留下需要减针的针数不
编织。后退编织时,先引拔1针。

2.左侧做2针以上的减针时,按第1行的相同
方法留下指定的针数不编织。1针的减针则在
后退时先编织"退针的2针并1针"。

左侧

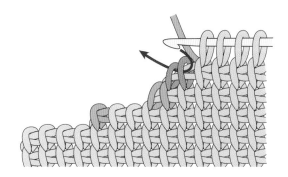

3. 第3行的前进编织。将针插入后退时2针并1针后的2针竖针里，编织1针。

4. 下一行编织至后退时2针并1针后的针目，也按前一行的相同方法编织。

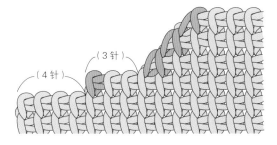

（4针）（3针）

5. 第4行编织结束。左侧的减针完成后的状态。

整理编织

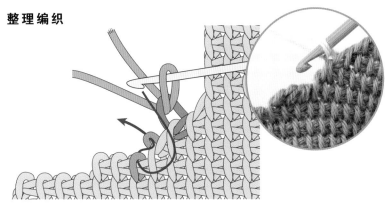

6. 接下来做整理编织。在左侧剩下的针目里编织引拔针进行整理。在第3行边针的里山加线，如箭头所示将针插入第1行的竖针和第2行退针的里山，编织引拔针。

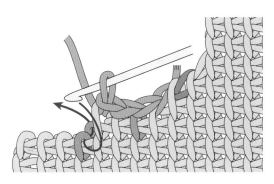

7. 在行与行的交界处，务必在下一行的竖针以及上一行退针的里山一起挑针编织引拔针。除此之外，将针插入竖针做引拔收针。

※此处为了便于理解使用了不同颜色的线，编织作品时使用相同颜色的线

1针的减针

减1针时，左右两侧可以在同一行进行，针目的形态也相同。

●在边上减针（后退编织时）

右侧

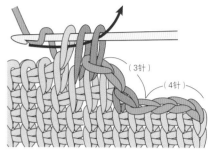

（3针）
（4针）

后退时，在最后编织"退针的2针并1针"。

左侧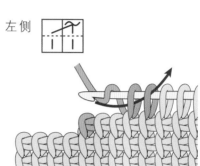

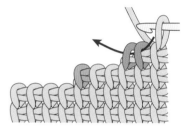

1. 后退时，先编织"退针的2针并1针"。

2. 下一行将针插入后退时2针并1针后的2针竖针里，编织1针。

●在边上1针的内侧减针（前进编织时）

保留边针的1针减针

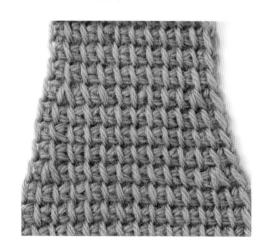

右侧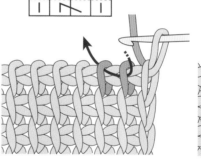

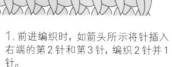

1. 前进编织时，如箭头所示将针插入右端的第2针和第3针，编织2针并1针。

2. 右侧减针完成。

左侧

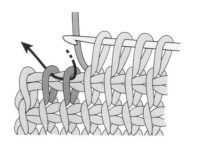

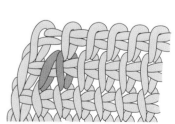

1. 前进编织时，如箭头所示将针插入左端的第2针和第3针，编织2针并1针。

2. 左侧减针完成。

● 在织物的中途减针（前进编织时）

在做打褶和分散减针等编织，需要在编织的中途减针时，前进编织时在前一行的竖针里挑针编织2针并1针。

基本阿富汗针编织

因为与花样无关，减针后织物的纹理非常自然。

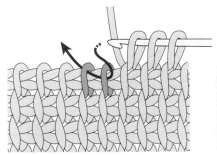

1. 在竖针里挑针编织2针并1针。

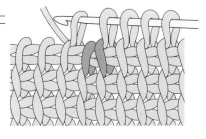

2. 在织物的中途做2针并1针的减针完成。

桂花针的阿富汗针编织

为了保持花样的完整性，在1行减1针后，紧接着在下一行也要减1针。

1针1行的单桂花针以2针为单位减针（2针2行的双桂花针以4针为单位减针）。

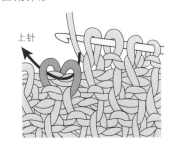

1. 将针如箭头所示插入2个针目中，编织上针。

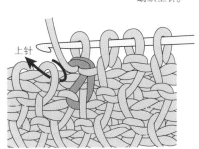

2. 下一针编织上针。

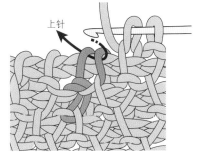

3. 下一行也在相同位置编织上针的2针并1针，恢复打乱的花样。

领窝

用与编织袖窿相同的方法减针。从右侧开始，一边通过留针的方式减针一边继续编织。
编织终点做整理编织，接着编织左侧。

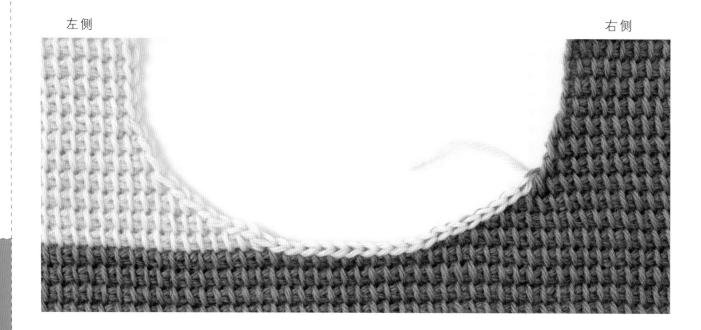

左侧　　　　　　　　　　　　　　　　　　　　　　　　右侧

（10针）

加线

⑩ ⑨ ⑧ ⑦ ⑥ ⑤ ④ ③ ② ①

加线做整理编织后，接着将中心的10针做
引拔收针，然后继续编织左侧。参照袖窿的
右侧（p.51）编织。

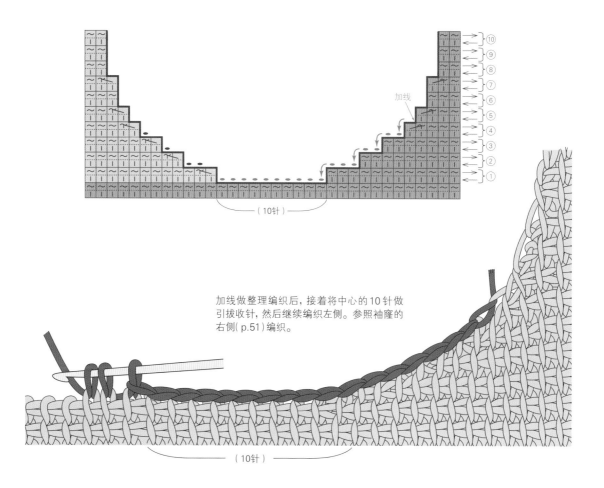

（10针）

编织形状

Part 4

● 配色编织时的减针

在右侧换线时

因为是在编织前一行的最后一针退针时换线，所以换线处非常简洁美观。

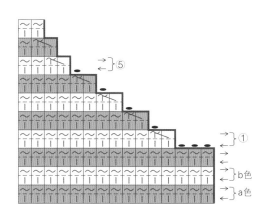

在左侧换线时

因为是以留针的减针方式编织，所以要渡线至下一行的退针位置。注意渡线不要拉得太紧。

整理编织时使用其中1种颜色的线即可。

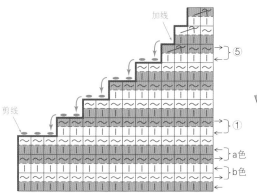

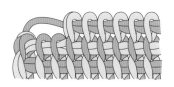

将b色线挂在针上

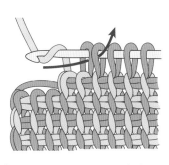

1.在第1行的最后留出3针，编织退针时换线。因为线在末端，所以要将线从末端拉过来编织退针。

2.渡线不要拉得太紧。

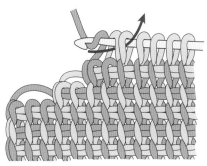

3.下一行也按相同的方法渡线，注意不要拉得太紧。

4.按符号图继续编织。之后做整理编织时将渡线包在针目里。

加针

有2针以上的加针和1针的加针编织时，根据加针位置和线的形状使用不同的加针方法。

● 2针以上的加针

左侧　　　　　　　　　　　　　　　　　　　右侧

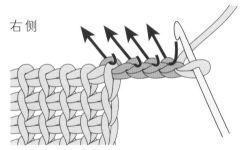

左侧

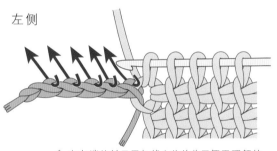

1. 在左端的针目里加线（此处为了便于理解使用了不同颜色的线，编织作品时使用同色的线），钩织所需加针数的锁针。

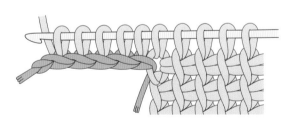

2. 从锁针的里山挑针。

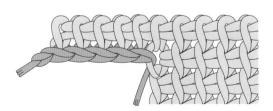

3. 左侧的加针完成。

右侧

1. 在编织完加针前一行的退针后，再钩织锁针，针数为"比所需加针数少1针"。下一行从锁针的里山挑4针。

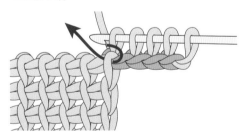

2. 步骤1中钩织锁针后挂在针上的针目就是第1针。接着在织物右端的竖针里挑针继续编织。

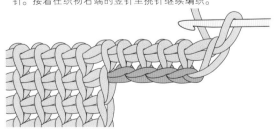

3. 右侧的加针完成。不过，如果想要编织出直角，就在步骤1中钩织5针锁针，跳过第1针里山挑针。（参照 p.12）

● 1针的加针

在边上加针

左侧 　　　　　　　　　　　　　　　　　　 右侧

右侧

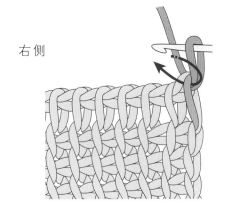

1. 在前一行的竖针里挑针，编织1针。

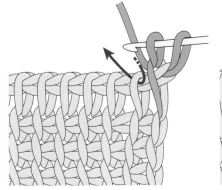

2. 这样就从1针里放出了2针。接着编织第2针。

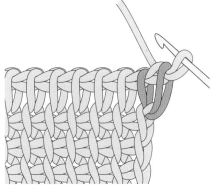

3. 右侧1针的加针完成。

左侧

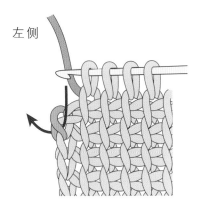

1. 在左端的2根线里挑针，编织1针。

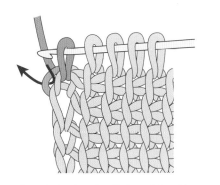

2. 在边针下方的线里挑针，再编织1针。

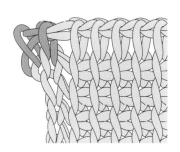

3. 左侧1针的加针完成。

从退针上挑针❶…从锁针的里山挑针

左侧　　　　　　　　　　　　　右侧

右侧

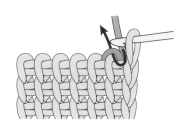

1. 从边针和第2针之间退针的锁针的里山挑针，编织1针。

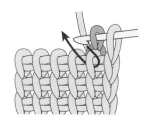

2. 在第2针竖针里挑针，编织下一针。

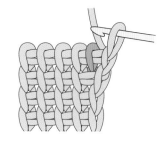

3. 一针一针地编织退针后，1针的加针完成。

左侧

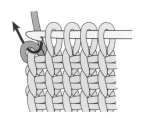

1. 编织至左端最后一针前，从边针和倒数第2针之间退针的锁针的里山挑针，编织1针。

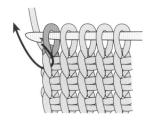

2. 再在左端的竖针里挑针，编织1针。

3. 一针一针地编织退针后，1针的加针完成。

Part **4**

编织形状

从退针上挑针❷…从锁针的半针挑针

左侧　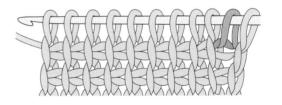　右侧

右侧

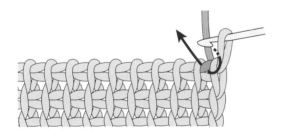

1. 在边针和第2针之间退针的锁针里挑取上侧半针（1根线）编织。

2. 1针的加针完成。

左侧

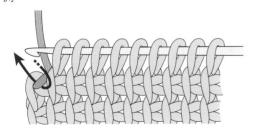

1. 编织至左端最后1针前，在边针和倒数第2针之间退针的锁针里挑取上侧半针（1根线）编织。

2. 1针的加针完成。

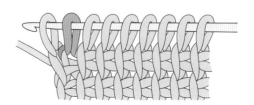

在织物的中途加1针

在做分散加针和打褶等编织，需要在织物的中途加针时，可使用下面的加针方法。

基本阿富汗针编织

因为与花样无关，加针后织物的纹理非常自然。

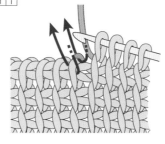

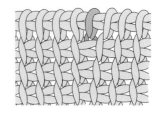

1.编织至需加针位置时，从退针的锁针的里山挑针编织。

2.一针一针地编织退针后，1针的加针完成。

桂花针的阿富汗针编织

为了保持花样的完整性，在1行加1针后，紧接着在下一行也要加1针。

1针1行的单桂花针以2针为单位加针（2针2行的双桂花针以4针为单位加针）。

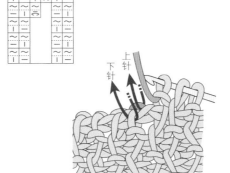

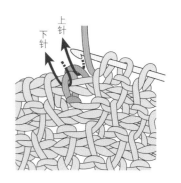

1.编织至需加针位置时，从退针的锁针的里山挑针，编织上针。在下一个竖针里挑针按花样编织下针。

2.下一行也在相同的位置按相同方法加针。被打乱的花样恢复正常。

Part **4**

编织形状

引返编织

●留针的引返编织

引拔收针的情况

这是将引返的针目做引拔收针的方法。右侧是一边做引拔收针一边进行引返编织；左侧则是通过留针的方式进行引返编织，并在最后做整理编织。

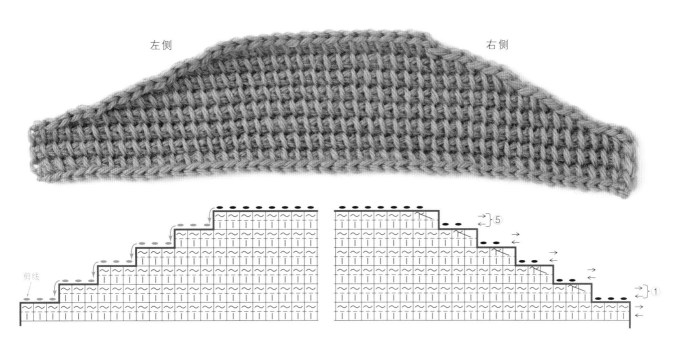

左侧　　　　　　　　　　　　　　　　右侧

剪线

右侧

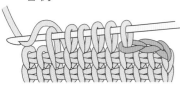
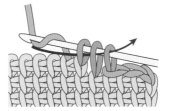
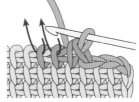
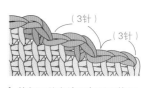

1. 第1行前进时，按第1次的引返针数编织引拔针。

2. 第1行后退时，最后编织"退针的2针并1针"。

3. 第2行前进时，按符号图上的引拔针数编织引拔针。

4. 按相同的方法重复引返编织。

左侧

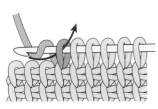
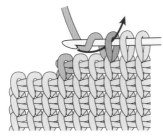
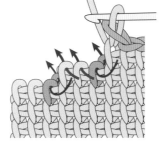
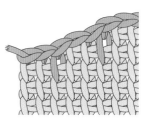

1. 第1行前进时，最后留出指定针数不编织，直接编织退针。

2. 第2行之后也按相同的方法，前进时留出指定针数个编织，直接编织退针。

3. 最后在所有剩下的针目里编织引拔针调整形状（即做整理编织）。行与行的交界处在下一行的竖针以及上一行退针的里山一起挑针编织引拔针。

4. 引返编织完成。

●保留针目状态的留针的引返编织

完成引返编织后还要继续编织的情况下，比如打褶编织或者想在保留针目状态下做盖针接合时，就需要使用这种方法。

左侧　　　　　　　　　　　　　　右侧

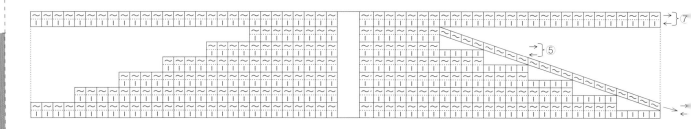

→}7
→}5

右侧

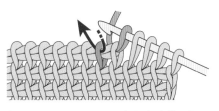 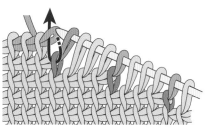 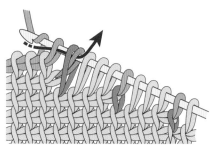

1.编织第1行后退时，留出指定针数不编织，将针目留在针上。从箭头所示竖针里挑针，开始编织第2行的前进针目。

2.编织第6行后退时，在针上的所有针目里编织退针直至第1行。引拔至两行交界处的前一针时，暂时取下针头的退针。

3.挑起交界处的竖针挂在针上，再将刚才取下的退针穿回针上，如箭头所示一次性引拔穿过3个线圈。

左侧

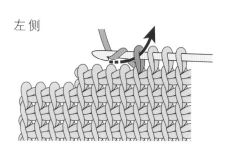

4.按相同的方法在所有针目里完成编织退针后的状态。

5.按p.63的引返编织的相同方法，前进时留出指定针数（相当于减针），直接编织退针。

●从引返编织的针目上挑针

右侧

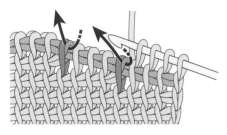

左侧

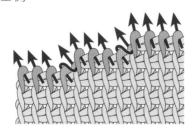

1. 两行交界处3个线圈一起引拔的针目,只在退针的1根线里挑针。

2. 在行与行的交界处将针插入下一行的竖针以及上一行退针的里山(与整理编织时的位置相同)挑针。

3. 第7行挑出前进针目再编织退针后的状态。

要点

起针的锁针不够时

如果是事后无须解开的共线锁针起针的情况,可用另线钩织不足针数的锁针,再如图所示用手缝针连接补上的针数。

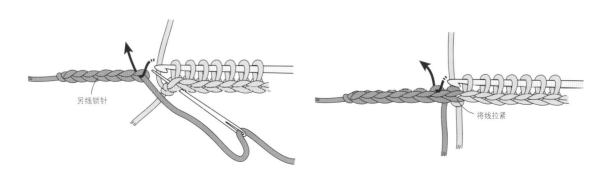

另线锁针

将线拉紧

Part **4**

引返编织

●加针的引返编织

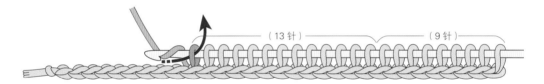

1.钩织指定针数的锁针起针，第1行前进编织时留出左侧的加针针数。后退时先引
拔1针，一共编织13针退针。

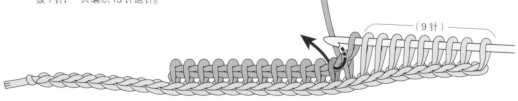

2.留出右侧的加针针数开始编织第2行的前进针目。

3.第2行编织13针前进针目后，在左侧锁针的里山挑取第1次的加针，加3针。第1针加针要
在起针锁针的里山以及第1行的退针的1根线里（共2根线）挑针编织。

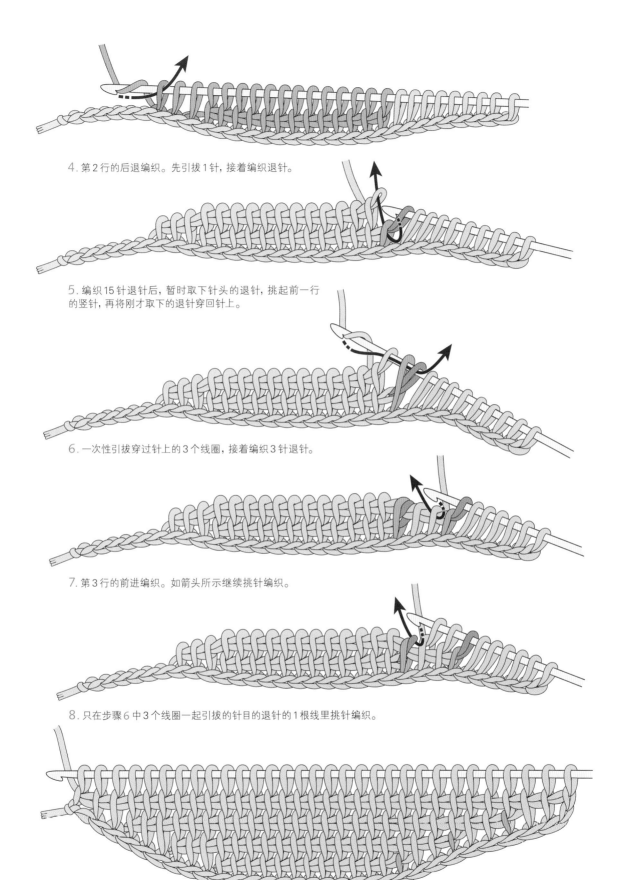

4. 第2行的后退编织。先引拔1针，接着编织退针。

5. 编织15针退针后，暂时取下针头的退针，挑起前一行的竖针，再将刚才取下的退针穿回针上。

6. 一次性引拔穿过针上的3个线圈，接着编织3针退针。

7. 第3行的前进编织。如箭头所示继续挑针编织。

8. 只在步骤6中3个线圈一起引拔的针目的退针的1根线里挑针编织。

9. 按相同的方法继续编织。按照符号图，加针的引返编织完成。

Part 5
组合方法

织物的形状各不相同，缝合和接合的方法也有各种各样。下面以基本阿富汗针编织和桂花针的阿富汗针编织为例，介绍合适的缝合和接合技法。

接合

我们将织物的针目与针目的连接叫作"接合"。

● 2片织物均为引拔收针的情况

挑针接合…使用手缝针进行接合

将接合线拉至看不到线迹为止

将接合线拉至形似竖针的状态

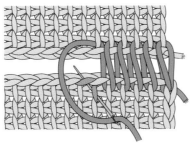

1.对齐2片织物。从前面(近处)织物的右端针目中出针(同时挑起退针),再在后面(远处)织物的竖针里挑针连接2个边针。前面织物在竖针以及引拔收针的针目内侧1根线里挑针。

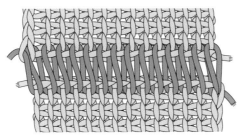

3.挑针接合完成。随后可以将接合线拉至看不到线迹为止,也可以拉至形似竖针的状态。

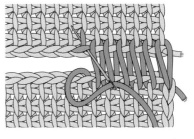

2.后面织物在引拔收针的针目内侧1根线以及竖针里挑针。重复步骤1和2。

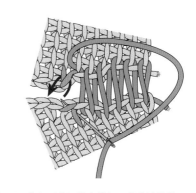

4.引返编织后的织物也按相同的方法挑针。

引拔接合…使用阿富汗针或者钩针进行接合

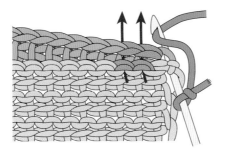

1.将2片织物正面相对。如箭头所示将针插入最后一行的针目,挂线后引拔。

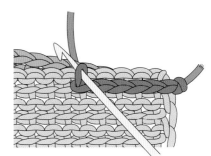

2.一针一针地依次引拔。

● 2片织物均为针目状态的情况

挑针接合…使用手缝针进行接合

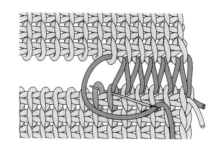

1. 对齐2片织物并拿好。首先在前面织物的右端针目以及退针中插入手缝针，再在后面织物的竖针里挑针连接2个边针。接下来，前面织物在1个针目中入针，在下一个针目中出针。

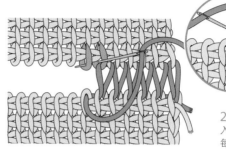

退针

加线时的入针方法

2. 后面织物也按相同要领，在1个针目中入针，在下一个针目中出针。2片织物都是每个针目里穿2次针。

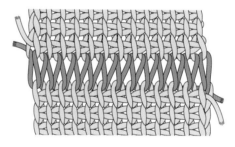

3. 将接合线拉紧至看不到线迹为止。

盖针接合…使用阿富汗针或者钩针进行接合

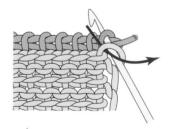

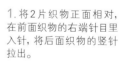

1. 将2片织物正面相对，在前面织物的右端针目里入针，将后面织物的竖针拉出。

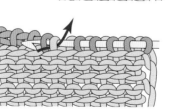

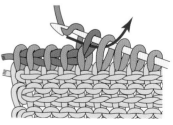

2. 按相同的方法，从前面的针目里一针一针地拉出后面的竖针针目。针上只留下后面的针目。

3. 在左侧加线，将针上的针目两针两针地向后引拨，至右端头完成盖针接合。

Part **5**

组合方法

引返编织后的织物的盖针接合···使用阿富汗针或者钩针进行接合

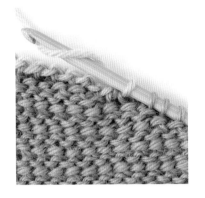

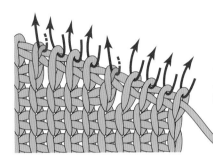

1. 这是后面织物的挑针方法。行与行的交界处在退针的1根线里挑针。

2. 引返编织的情况下前面织物的入针方法。

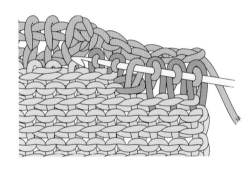

3. 从前面织物的针目里一针一针地拉出后面织物的针目。在左侧加线，将针上的针目两针两针地向后引拔，至端头完成接合。

● 一片织物是引拔收针，另一片织物是针目状态的情况

挑针接合···使用手缝针进行接合

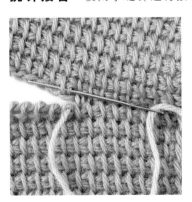

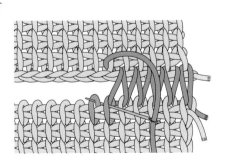

1. 在保留针目状态的织物（图中为前面）的右端针目以及退针中插入手缝针，再在后面织物的竖针里挑针连接2个边针。接下来，在前面织物的1个针目中入针，在下一个针目中出针。

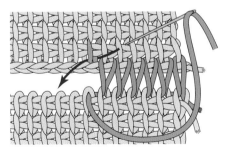

2. 引拔收针后的织物在引拔的锁针内侧挑针，挑取藏在后面的小针目以及下一个竖针共2根线。将接合线拉紧至看不到线迹为止。

●2片织物均为引返编织后的情况（一片是引拔收针，另一片是针目状态）

挑针接合的挑针位置

行与行的交界处如箭头所示入针进行接合。
将接合线拉紧至看不到线迹为止。

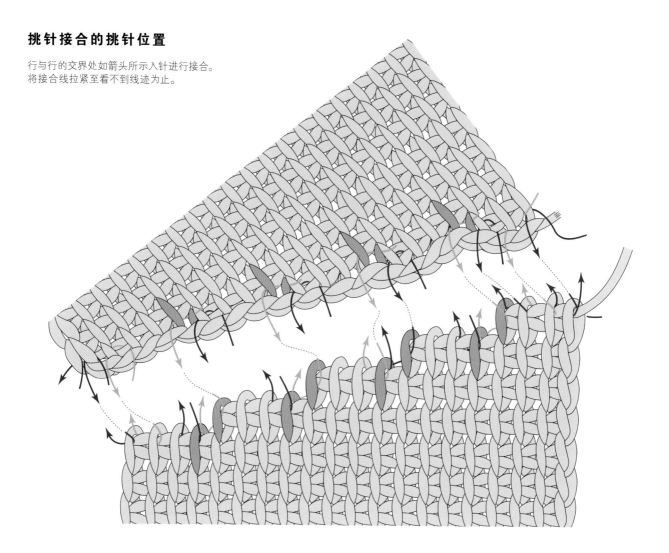

要点

解开另线锁针的方法

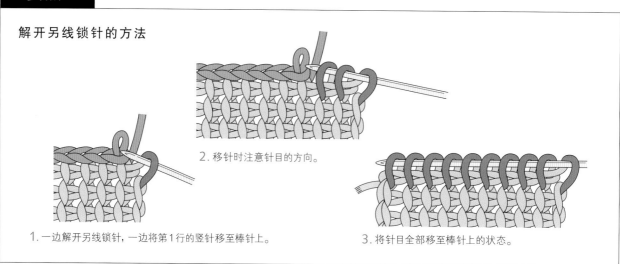

2.移针时注意针目的方向。

1.一边解开另线锁针，一边将第1行的竖针移至棒针上。

3.将针目全部移至棒针上的状态。

盖针接合…使用阿富汗针或者钩针进行接合

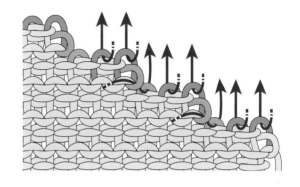

1. 将保留针目状态的织物放在前面。如箭头所示入针，将后面织物的针目拉出。

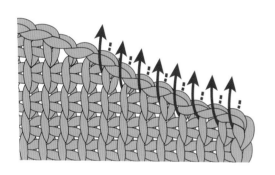

2. 将引拔收针后的织物放在后面，如箭头所示将针插入竖针后拉出。

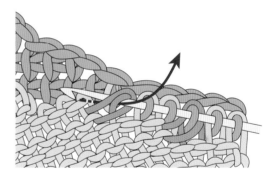

3. 将2片织物正面相对，从前面的针目里将后面的竖针拉出后的状态。

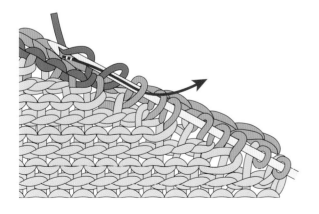

4. 另外加接合线，从左侧开始两针两针地向后引拔，至右端头完成接合。

●桂花针的阿富汗针编织的接合

2 片织物均为引拔收针的情况

对齐 2 片织物，使用手缝针进行接合。

在 2 片织物引拔收针的锁针根部的 2 根线里依次挑针接合。

将接合线拉紧至看不到线迹为止。

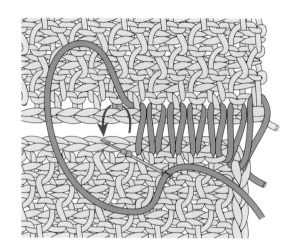

2 片织物均为针目状态的情况

对齐 2 片织物，使用手缝针进行接合。

因为接合的同时也完成了最后一行的花样，入针时要看清针目的状态。

按照"从前往后入针、从后往前出针"的方法挑针，每个针目里穿 2 次针。将接合线拉紧至看不到线迹为止。

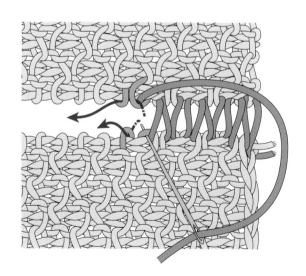

●针与行的接合

编织终点与左端的接合

对齐2片织物,使用手缝针进行接合。

编织终点保留针目状态。穿上接合线的手缝针在一个针目中入针,再从下一个针目中出针。

行的左端在退针的2根线里挑针。一般情况下针数会比行数多,所以会在左端的行上多挑几针。

图中的虚线箭头就是从1行里挑2针时的挑针位置。将接合线紧拉至看不到线迹为止。

行

针

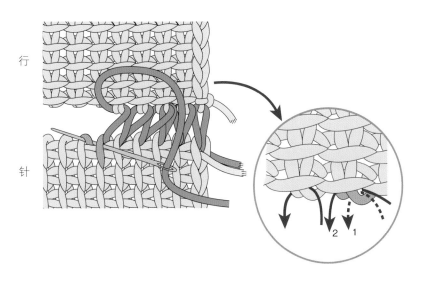

编织终点与右端的接合

对齐2片织物,使用手缝针进行接合。

编织终点保留针目状态。穿上接合线的手缝针在一个针目中入针,再从下一个针目中出针。

行的右端在针目的中间入针,挑起退针的2根线以及竖针的线圈。

一般情况下针数会比行数多,所以会在右端的行上多挑几针。

图中的虚线箭头就是从1行里挑2针时的挑针位置。

针

行

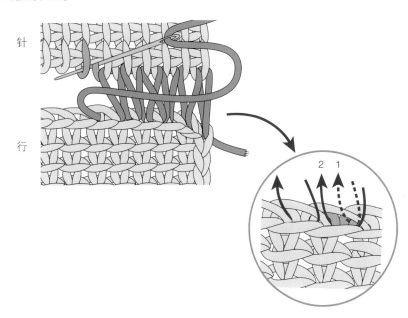

缝合

我们将2片织物的行与行的连接叫作"缝合"。

●挑针缝合A：将左端的1针作为缝份的情况

缝合后左端的1针竖针消失，织物的花样呈连续状态。

在做配色花样等编织，想将织物的花样拼接在一起时，就使用这种缝合方法。

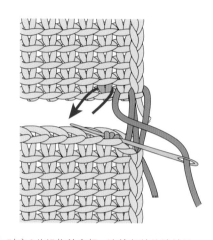

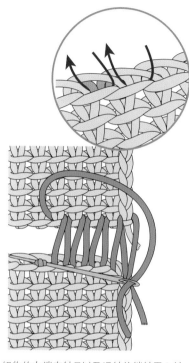

1. 对齐2片织物并拿好。连接起针的锁针后开始缝合。织物的左端在1针内侧的退针的2根线里挑针。

2. 织物的右端在针目以及退针的锁针里入针，再从下一行的退针中出针。将缝合线拉紧至看不到线迹为止。

●挑针缝合B：保留左端针目的情况

左右两端的边针都不会消失，呈对称状保留下来，也不会因为缝合而少了1针。

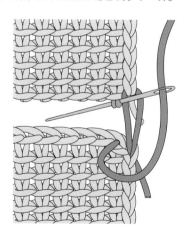

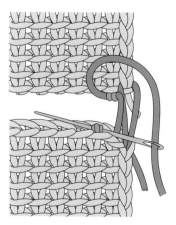

1. 对齐2片织物并拿好。连接起针的锁针后开始缝合。织物的左端从竖针外侧的退针的2根线里挑针。

2. 织物的右端在针目以及退针的锁针里入针，再从下一行的退针中出针。将缝合线拉紧至看不到线迹为止。

●桂花针的阿富汗针编织的挑针缝合

因为桂花针的左端交替编织下针和上针,所以挑针缝合时无法保留边上的竖针。
需要结合花样的特点进行挑针缝合。

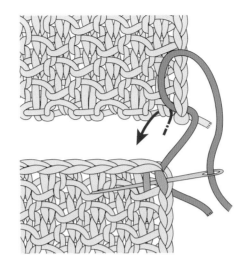

1. 对齐2片织物并拿好,连接起针的锁针。

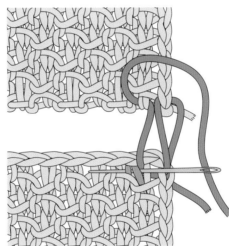

2. 织物的右端在边针内侧的退针的2根线里挑针。

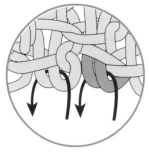

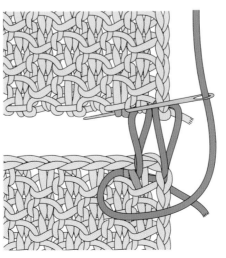

3. 织物的左端从竖针外侧的退针的2根线里挑针。将缝合线拉紧至看不到线迹为止。

●上针的阿富汗针编织的挑针缝合

做上针的阿富汗针编织时，注意编织上针至左端，这样缝合起来才会很漂亮。

缝合处上针的线圈紧密地连接在一起，缝份也不会太厚，可以缝合得非常平整。

另外，如果织物左端的针目编织得稍微紧一点，缝合后的针目就会更加整齐美观。

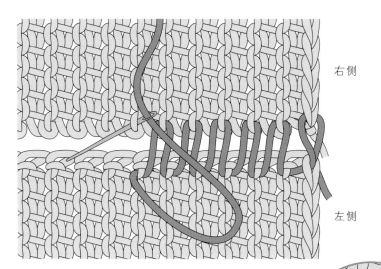

右侧

左侧

交替在1根线里挑针缝合的方法

对齐2片织物并拿好，连接起针的锁针。左侧织物的右端在上针的下线圈里挑针，右侧织物的左端在上针的上线圈里挑针。上针的线圈就紧密地连接在一起，缝份也不会太厚，可以缝合得非常平整。

交替在2根线里挑针缝合的方法

连同退针的半针一起挑针的缝合方法会更加结实。左侧织物的右端在上针的下线圈以及下方退针的半针（共2根线）里挑针。右侧织物的左端在上针的上线圈以及上方退针的半针（共2根线）里挑针。

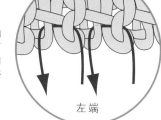

左端

●织物存在行差时的挑针缝合

对由于线材和用针不同等原因造成行数不同的织物进行缝合时，

行数较多的一侧用2行对应行数较少一侧的1行，一边缝合一边调整。

图中的虚线箭头就是1行对2行进行缝合时的入针位置。

基本阿富汗针编织

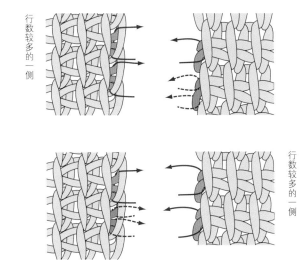

桂花针的阿富汗针编织

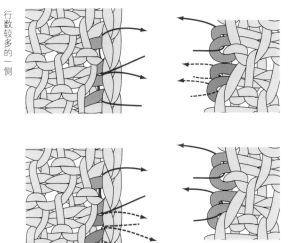

●引拔缝合

这种方法用于袖子等部位的缝合。将2片织物正面相对,在1针内侧插入钩针,在2片织物里一起引拔。

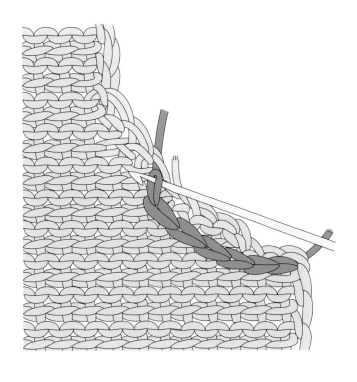

●半回针缝

这种方法用于袖子等部位的缝合。将2片织物正面相对并插好定位针,用手缝针劈线穿针做半回针缝。

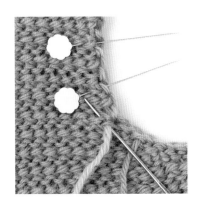

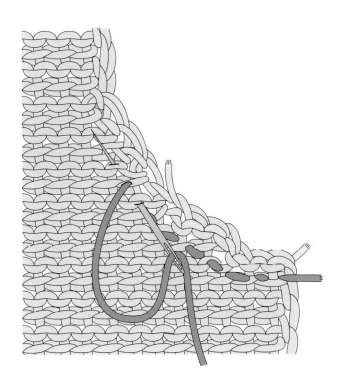

拉针花样的抱枕

抱枕上一个个排列整齐的拉针花样既像花蕾，又像嫩芽，可爱极了。在前进和后退编织时调整紫色和灰黄绿色的配色间隔，就可以编织出马赛克效果的条纹花样。

设计／岸睦子
使用线／和麻纳卡 Exceed Wool FL（粗）
编织方法／ p.81

How to make
拉针花样的抱枕

●线 和麻纳卡 Exceed Wool FL（粗）灰黄绿色（246）
155g，紫色（238）55g
●针 4.5mm 的阿富汗针（8号）
●其他 45cm×45cm 的枕芯
●编织密度 10cm×10cm 面积内：基本阿富汗针编织、
编织花样均为17针，15行
●成品尺寸 45cm×45cm

●编织要点

钩锁针起针，从锁针的半针和里山挑针开始编织。按"基
本阿富汗针编织"编织67行后做引拔收针。从起针的锁
针剩下的1根线里挑针编织条纹花样，结束时按相同方法
做引拔收针。将织物正面朝外对折，按挑针缝合 B（参照
p.76"保留左端针目的情况"）缝合两侧，塞入枕芯后再
将两端的编织终点做挑针接合，将接合线拉紧至形似竖
针的状态（参照 p.69）。

实物粗细

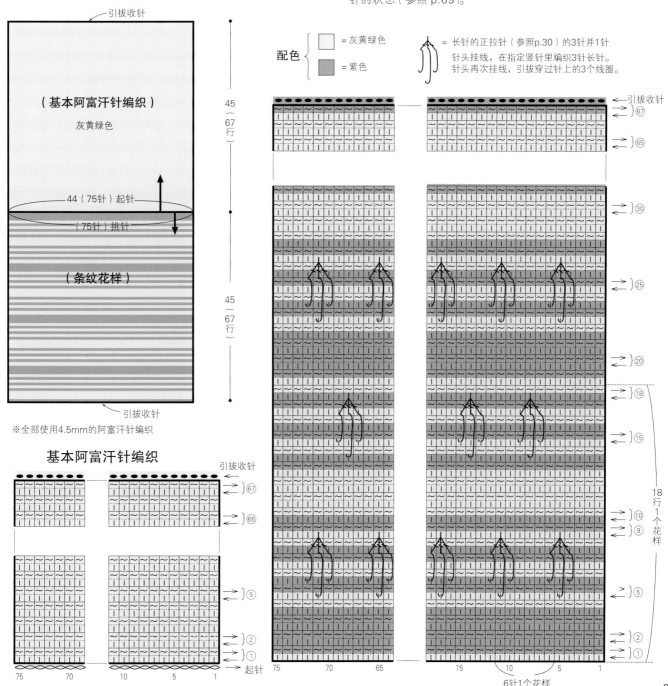

配色 ｛ □ = 灰黄绿色　■ = 紫色

= 长针的正拉针（参照p.30）的3针并1针
针头挂线，在指定竖针里编织3针长针。
针头再次挂线，引拔穿过针上的3个线圈。

引拔收针

（基本阿富汗针编织）
灰黄绿色

44（75针）起针

（75针）挑针

（条纹花样）

引拔收针

45（67行）

45（67行）

※全部使用4.5mm的阿富汗针编织

基本阿富汗针编织

引拔收针

起针

6针1个花样

18行1个花样

○●○波点手提包

这是一款纵向渡线配色编织的手提包,
圆鼓鼓的形状煞是可爱。刚好可以放入
A5 大小的手账本,恰到好处的大小,十分
招人喜欢。编织过程中使用了加针、减
针、缝合、挑针等技法。

设计/岸睦子
使用线/芭贝 Shetland、Lecce
编织方法 / p.84

罩裙

在后裙片正中间起针后做横向编织，重复引返编织形成宽松的喇叭形裙摆。马海毛和羊驼绒混纺的柔软触感，再加上晚霞般的渐变色调让人倍感治愈。

设计／岸睦子　制作／泽田美雪
使用线／和麻纳卡
Rich More Bacara Epoch
编织方法／p.86

How to make
○ ● ○ 波点手提包／p.82

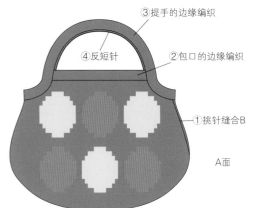

Shetland
Lecce
实物粗细

●**线** 芭贝 Shetland 茶色（3）65g；Lecce 红色系混染
（415）20g、绿色系混染（403）20g
●**针** 4.5mm 的阿富汗针（8号），钩针6/0号
●**编织密度** 10cm×10cm 面积内：编织花样17针，14行
●**成品尺寸** 宽31cm，深21cm
●**编织要点**
Lecce 线每种颜色2根，分别准备2个10g 左右的线团。钩锁针起针后开始编织。参照符号图，一边加、减针，一边纵向渡线编织配色花样。编织结束时做引拔收针，然后在左侧进行整理编织。将织物正面朝外对折后按挑针缝合 B（参照 p.76"保留左端针目的情况"）缝合两侧。在包口部位钩织边缘。接着钩织提手部分的锁针，然后将包的侧边和提手部分连起来钩织边缘。最后，从提手的起针锁针的另一侧挑针，钩织1行反短针。

组合方法

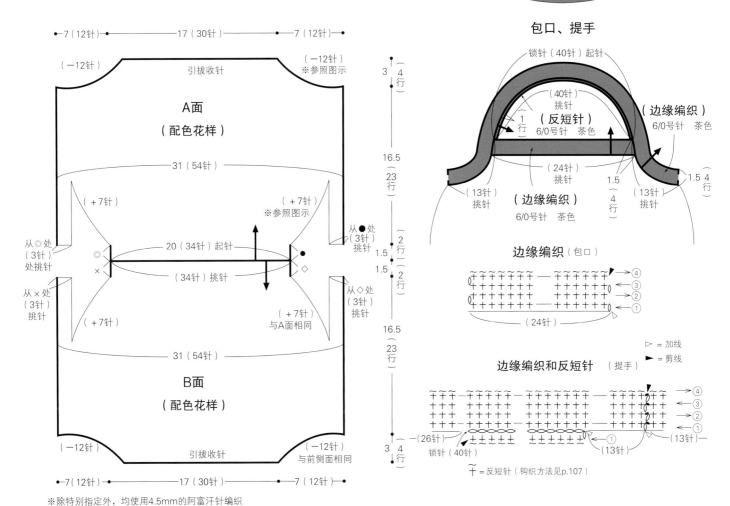

※除特别指定外，均使用4.5mm的阿富汗针编织

配色花样

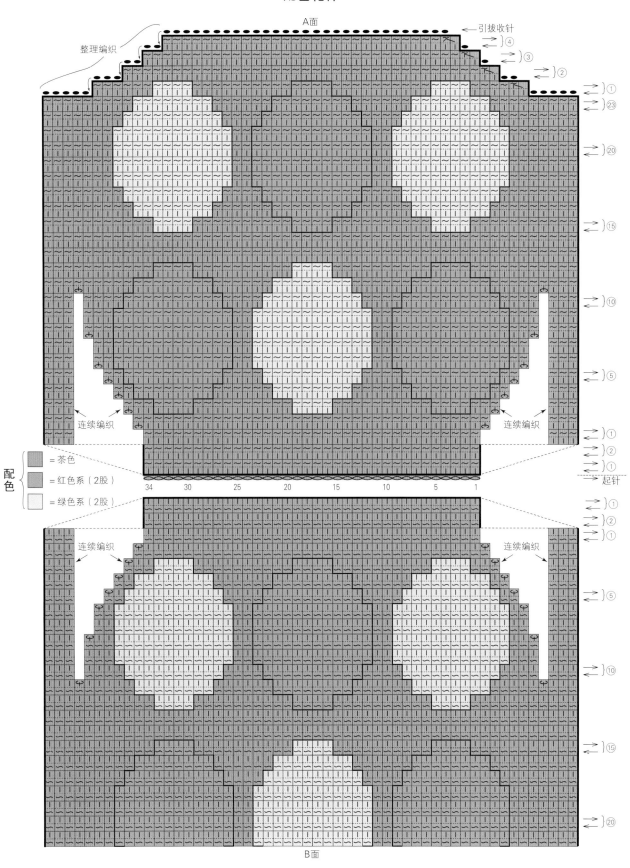

配色
= 茶色
= 红色系（2股）
= 绿色系（2股）

A面

引拔收针

整理编织

连续编织

连续编织

B面

85

How to make
罩裙／p.83

实物粗细

● **线** 和麻纳卡 Rich More Bacara Epoch 橘黄色和棕色混染（268）460g

● **针** 5.7mm 的阿富汗针（12号），钩针7/0号

● **其他** 3cm 宽的松紧带 70cm

● **编织密度** 10cm×10cm 面积内：编织花样12针，7行

● **成品尺寸** 臀围88cm，裙长63cm

● **编织要点**

锁针起针后开始编织。参照符号图，一边编织一边做留针的引返编织和加针的引返编织。注意两行交界处的入针方法，编织上针时挑取退针的1根线的顺序不同。编织结束时保留针目状态，与编织起点的第1行做挑针接合（参照 p.71 "一片织物是引拔收针，另一片织物是针目状态的情况"）。腰头从腰部位置挑针，钩织长针。将缝成环形的松紧带套在腰头中间，然后将腰头向内侧翻折，做藏针缝缝合。

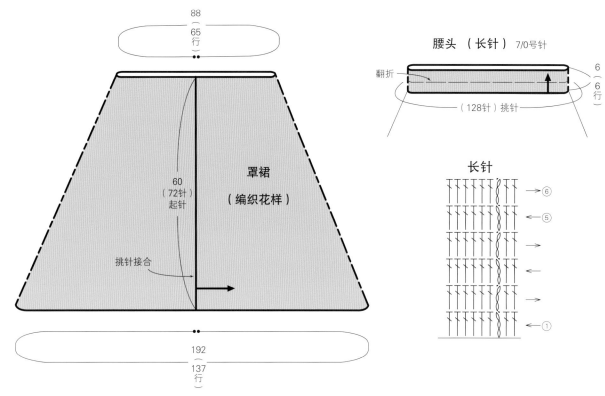

88
（65行）

罩裙
（编织花样）

60
（72针）
起针

挑针接合

192
（137行）

腰头 （长针） 7/0号针

翻折

6
（6行）

（128针）挑针

长针

→ ⑥
← ⑤
→
←
→
← ①

※除特别指定外，均使用5.7mm的阿富汗针编织

引返编织时两行交界处的入针方法

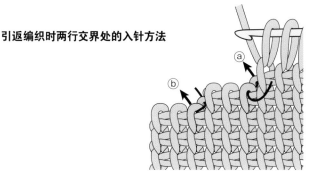

ⓐ

ⓑ

编织花样

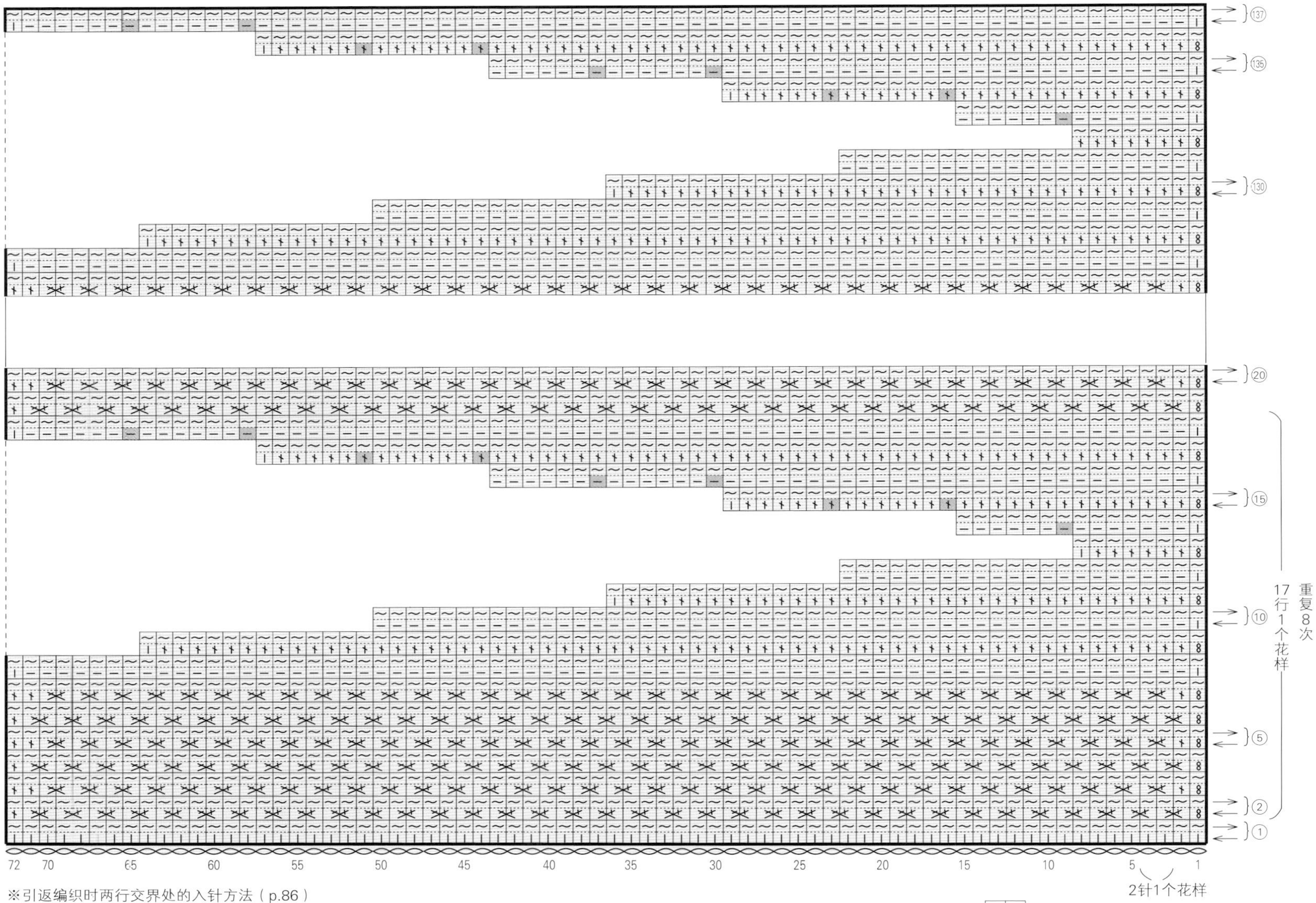

137
135
130
20
15
10
5
2
1
17行1个花样
重复8次
72 70 65 60 55 50 45 40 35 30 25 20 15 10 5 1
2针1个花样

※引返编织时两行交界处的入针方法（p.86）
▪ 如箭头a所示、▬ 如箭头b所示挑取退针的1根线

= 长针的交叉针 p.31

= 立织2针锁针参照p.27

= 长针 p.27

Part 6

衣物编织

用阿富汗针编织衣物是通过加、减针编织身片和袖子，然后进行缝合和接合，最后做边缘编织。边缘既可以用钩针编织，也可以用棒针编织，但是挑针位置都是一样的。另外，在这一部分还将为大家介绍一些实用的技巧，比如扣眼和口袋的编织方法。

如何看懂阿富汗针编织图解

阿富汗针编织图解基本上与棒针和钩针编织图解相同，需要注意的是左右两侧的减针方法不同。

前进编织和后退编织的减针在同一行进行时的计算方法相同。

一边参照图解一边编织吧！

① 边缘编织的挑针数　　⑤ 减针的计算方法
② 编织方法（用针、颜色）　⑥ 尺寸和行数
③ 编织方向　　　　　⑦ 袖窿的减针数
④ 尺寸和针数

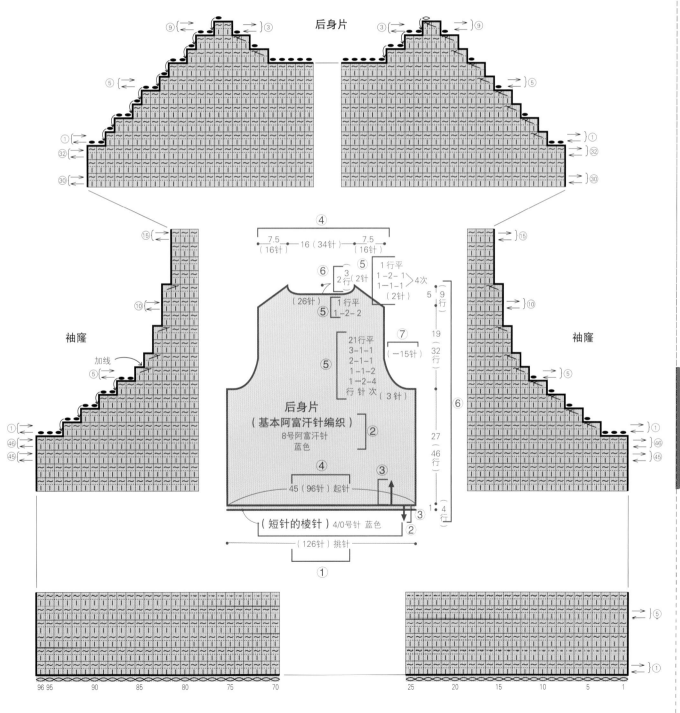

前领窝

减1针时,左右两侧可以在同一行进行。

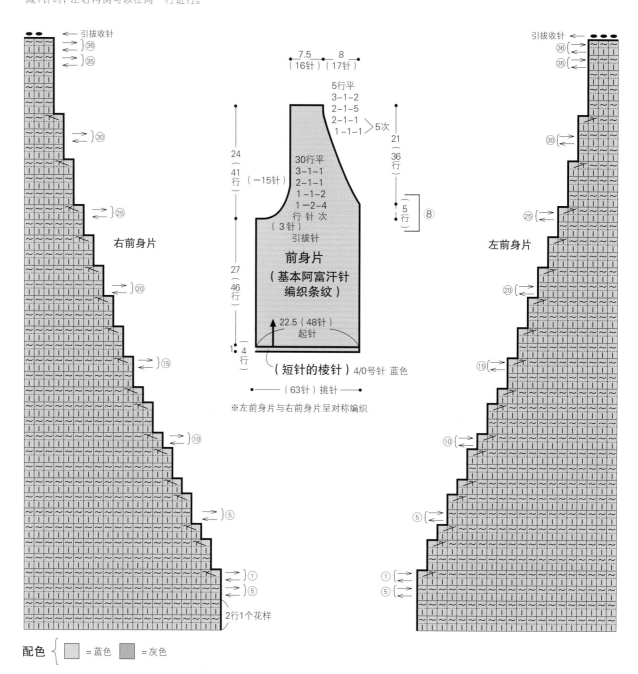

→ 引拔收针

}㊱
}㉟

}㉚

右前身片

}㉕

}⑳

}⑮

}⑩

}⑤

}①
}⑤

2行1个花样

7.5
(16针)
8
(17针)

5行平
3-1-2
2-1-5
2-1-1
1-1-1 } 5次

21
(36行)

5行 } ⑧

24
(41行) (－15针)

27
(46行)

30行平
3-1-1
2-1-1
1-1-2
1-2-4
行 针 次
(3针)
引拔针

前身片
(基本阿富汗针编织条纹)

22.5(48针)
起针

1
(4行)

(短针的棱针) 4/0号针 蓝色

●——(63针)挑针——

※左前身片与右前身片呈对称编织

引拔收针 ←

㊱
㉟

㉚

左前身片

㉕

⑳

⑮

⑩

⑤

①
⑤

配色 { ▨=蓝色 ▩=灰色

扣眼和转角的加针(右前门襟)

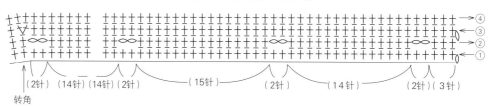

→④
→③
→②
→①

(2针) (14针)(14针)(2针) (15针) (2针) (14针) (2针)(3针)

转角

衣物编织

Part 6

边缘编织

阿富汗针编织的左右两端针目形状不同，因此边缘编织时左右两端的挑针方法也不一样。

另外，编织花样不同，用钩针还是棒针挑针等，又分为各种具体情况。

重要的是，先理解针目的形态，再选择适合自己作品的方法挑针做编织边缘。

[直线的挑针]

A: 基本阿富汗针编织

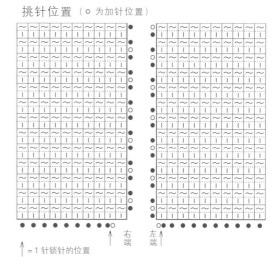

挑针位置（○为加针位置）

右端　左端

↑ = 1针锁针的位置

用钩针做边缘编织

● 挑取共线锁针的里山起针的边缘挑针方法 ※共线锁针 = 用编织作品时用的线钩织的锁针起针

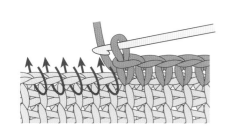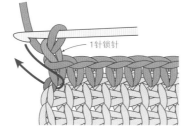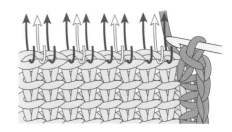

1针锁针

1. 起针侧的挑针方法。在起针的锁针（2根线）里挑针，从1个针目里挑取1针。

2. 移至右端的行上转角处的挑针方法。挑针至末端后，钩1针锁针，然后在相同位置再挑1针。

3. 右端行上的挑针方法。在边针的中间入针，在退针的1根线以及边针外侧的1根线里挑针。加针时，在外侧1根线里挑针（如白色箭头所示）。

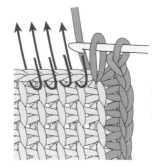

4. 左端行上的挑针方法。在边上竖针外侧的退针的下方线圈里挑针。加针时，再在退针的上方线圈里挑针（如白色箭头所示）。

5. 从左端的行上移至起针转角处的挑针方法。按右端的相同方法，挑针至转角处钩1针锁针，然后在相同位置再挑1针。

● 另线锁针起针的边缘挑针方法

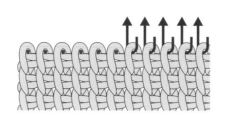

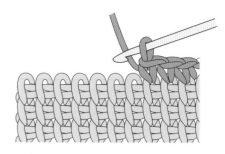

1. 解开另线锁针，在竖针里插入钩针。

2. 在每个针目里钩1针短针。

● 挑取共线锁针的半针起针
  的边缘挑针方法

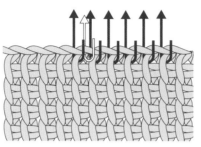

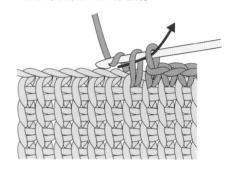

1. 在竖针和剩下的半针里挑针。加针时，只在
   锁针的半针里挑针（如白色箭头所示）。

2. 钩织第1行的短针。

用棒针做边缘编织（单罗纹针）

挑针位置 （○ 为加针位置）

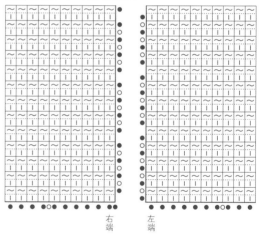

右端   左端

● 另线锁针起针的边缘挑针方法

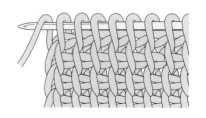

1. 从编织起点开始挑针。一边解开另线锁
   针，一边将针目移至棒针上。

2. 左端将线头从后往前挂在棒针上。

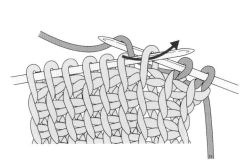

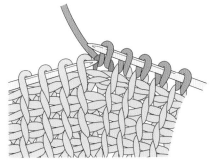

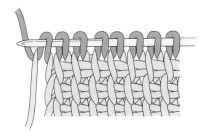

3.第1行编织下针。将右棒针插入竖针的后面编织。

4.加针时,从退针的锁针的里山挑针。

5.最后在步骤2的边针里编织1针。此处边针相当于缝份,这样进行行上的挑针时就不会破坏下摆罗纹针的完整性。

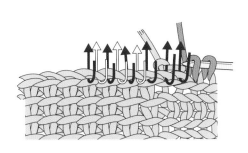

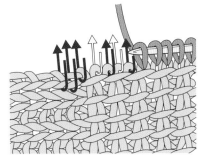

6.右端行上的挑针方法。在退针的1根线以及边针外侧的1根线(共2根线)里挑针。加针时,只在边针外侧的1根线里挑针(如白色箭头所示)。

7.左端行上的挑针方法。在竖针外侧的退针的下方线圈里挑针。加针时,只在退针的上方线圈里挑针(如白色箭头所示)。

● 挑取共线锁针的里山起针的边缘挑针方法

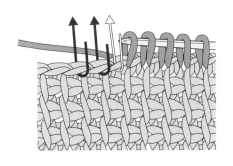

在起针锁针的2根线里挑针。加针时,在前面半针里挑针(如白色箭头所示)。

● 挑取共线锁针的半针起针的边缘挑针方法

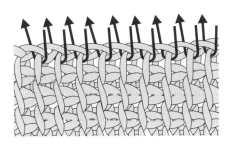

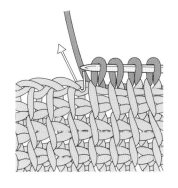

1.在竖针和剩下的半针里挑针。

2.加针时,只在锁针的半针里挑钉。

B: 桂花针的阿富汗针编织

用钩针做边缘编织

挑针位置 (○为加针位置)

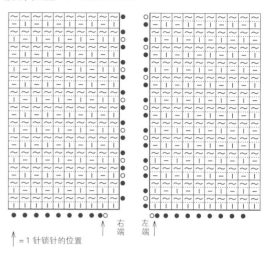

↑ =1针锁针的位置

右端　左端

● 共线锁针起针的边缘挑针方法

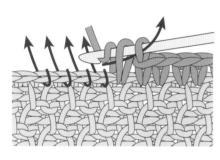
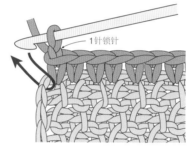
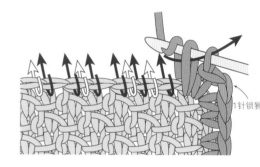

1.起针侧的挑针方法。在起针的锁针2根线里挑针,从1个针目里挑取1针。

2.移至右端行上转角处的挑针方法。挑针至末端后,钩1针锁针,然后在相同位置再挑1针。

1针锁针

3.右端行上的挑针方法。在退针的中间入针,连同边针的2根线一起挑起。加针时,只在边针的2根线里挑针(如白色箭头所示)。

1针锁针

● 另线锁针起针的边缘挑针方法

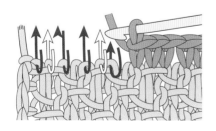
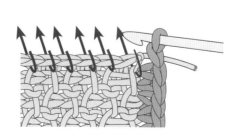
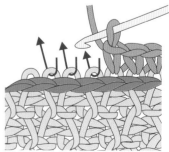

4.左端行上的挑针方法。在竖针外侧的退针下方的线圈里挑针。加针时,只在退针上方的线圈里挑针(如白色箭头所示)。

5.从左端的行上移至起针侧转角处的挑针方法。按右端的相同方法,挑针至转角处钩1针锁针,然后在相同位置再挑1针。

解开另线锁针后就很难看清针目的结构,所以要在保留另线锁针的状态下进行边缘编织。在里山和锁针之间的竖针线圈里挑针。之后再解开另线锁针。

衣物编织

Part 6

● 挑取共线锁针的半针起针的边缘挑针方法

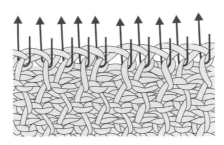 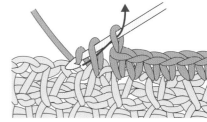

1. 在竖针和锁针剩下的半针里挑针。

2. 钩织第1行短针。

用棒针做边缘编织（单罗纹针）

挑针位置 （○为加针位置）

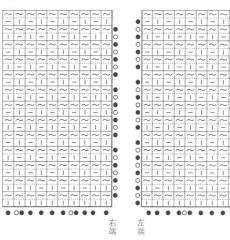

右端　左端

● 另线锁针起针的边缘挑针方法

 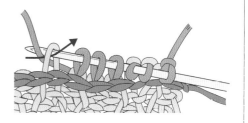

1. 解开另线锁针后就很难看清针目的结构，所以要在保留另线锁针的状态下进行边缘编织。如图所示从边针里将线拉出，以免针目散开。

2. 在里山和锁针之间的竖针线圈里挑针。

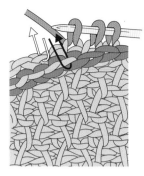

3. 加针时, 在第1行退针的锁针的里山挑针(如白色箭头所示)。

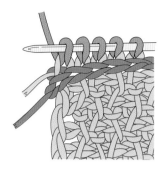

4. 挑针至右端后开始编织单罗纹针。解开另线锁针。

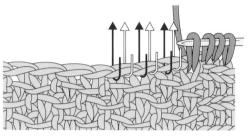

5. 右端行上的挑针方法。单罗纹针部分从边上1针的内侧挑针, 接着从织片的阿富汗针编织部分挑针。将针插入退针的中间, 连同边针的2根线一起挑起。加针时, 只在边针的2根线里挑针(如白色箭头所示)。

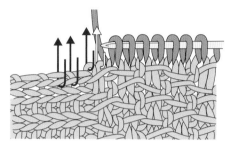

6. 左端行上的挑针方法。将针插入退针的下方线圈里挑针。加针时, 在退针的上方线圈里挑针。

● 挑取共线锁针的里山起针的边缘的挑针方法

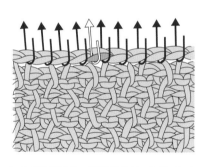

1. 在起针锁针的2根线里挑针。加针时, 在内侧半针里挑针(如白色箭头所示)。

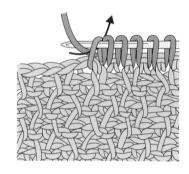

2. 按步骤1的箭头所示挑针。

● 挑取共线锁针的半针起针的边缘的挑针方法

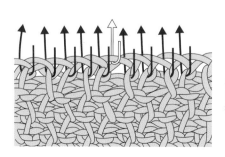

在竖针和锁针剩下的半针里挑针。加针时, 在锁针的半针(1根线)里挑针(如白色箭头所示)。

[斜线的挑针]

无论是钩针还是棒针的边缘编织，均按相同方法挑针。
因为编织密度的关系，用棒针编织时要比用钩针编织挑取的针目多。

基本阿富汗针编织

V 字领的挑针

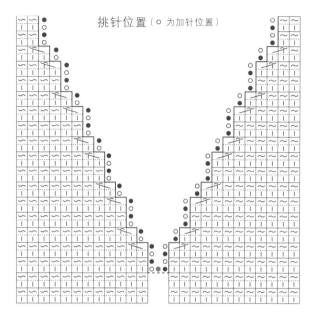

挑针位置（○ 为加针位置）

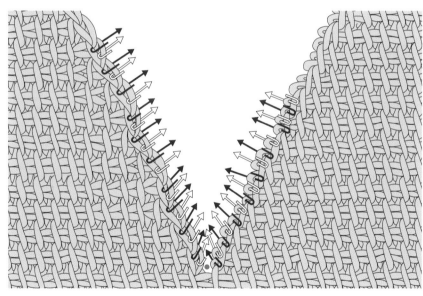

右侧的挑针和左侧的挑针都与直线的行上的挑针方法相同。V 字领领尖的中心使用什么挑针方法，取决于身片的针数是偶数还是奇数。（以立起中心 1 针的单罗纹针为例）

●针数为偶数时中心的挑针方法

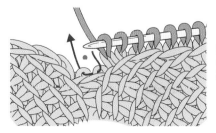

如箭头所示，将针插入中心处退针的左右两边的里山挑针。

●针数为奇数时中心的挑针方法

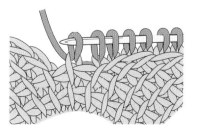

因为中心只有 1 针竖针，所以就直接在竖针里挑针。

Y 字领的挑针（钩针编织）

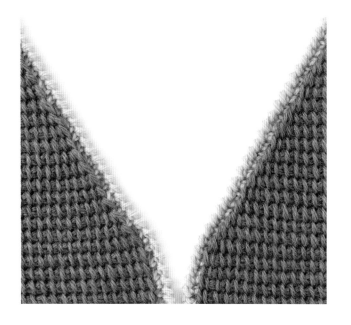

挑针位置（○为加针位置）

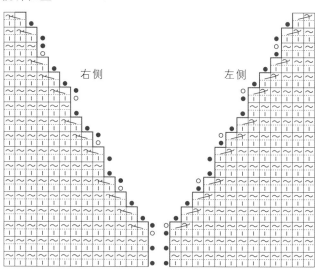

右侧　　　　　　　左侧

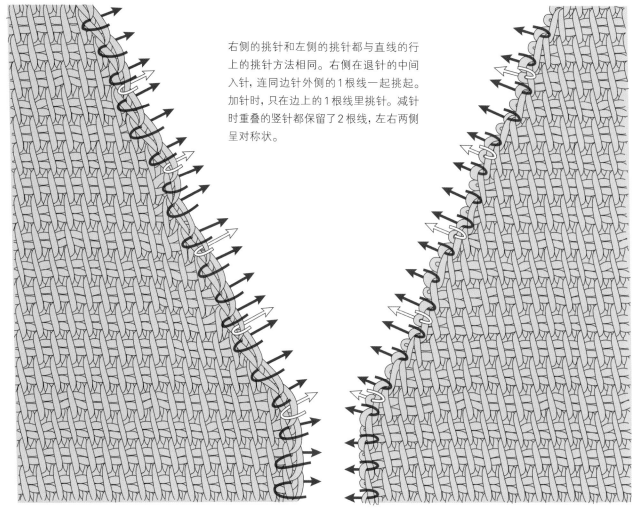

右侧的挑针和左侧的挑针都与直线的行
上的挑针方法相同。右侧在退针的中间
入针，连同边针外侧的1根线一起挑起。
加针时，只在边上的1根线里挑针。减针
时重叠的竖针都保留了2根线，左右两侧
呈对称状。

桂花针的阿富汗针编织

Y 字领的挑针（钩针编织）

挑针位置 （○ 为加针位置）

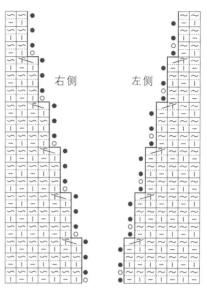

右侧　　　左侧

左侧的挑针与直线的行上的挑针方法相同。右侧的挑针在退针的中间入针，连同边针的2根线一起挑起。减针位置连同边上2针并1针的针目一起挑起。加针时，只在边上的2根线里挑针。

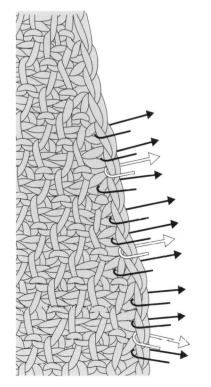
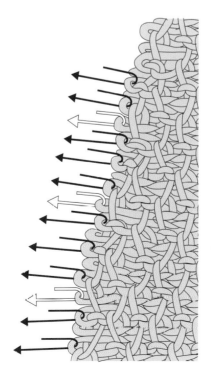

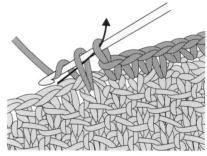

右侧竖针的2根线都被包在挑织的针目里，挑针后看不见边针。

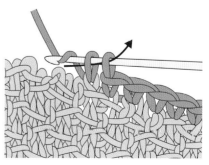

身片的左侧要编织桂花针到最后一针。

［弧线的挑针］

基本阿富汗针编织
领窝弧线的挑针

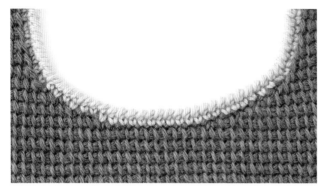

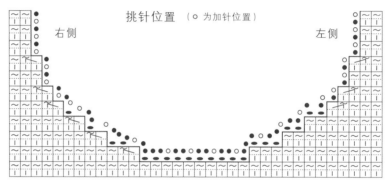

挑针位置 （○ 为加针位置）

右侧　　　　　　　　　　　　　　左侧

※ 图示为用棒针编织边缘时的挑针方法

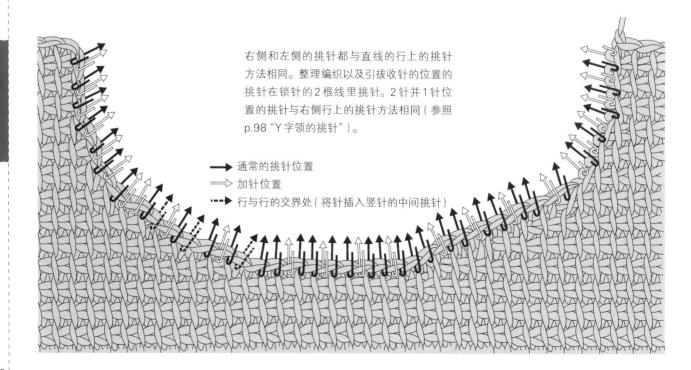

右侧和左侧的挑针都与直线的行上的挑针方法相同。整理编织以及引拔收针的位置的挑针在锁针的2根线里挑针。2针并1针位置的挑针与右侧行上的挑针方法相同（参照p.98 "Y字领的挑针"）。

→ 通常的挑针位置
⇒ 加针位置
┅► 行与行的交界处（将针插入竖针的中间挑针）

衣物编织

Part 6

下摆弧线的挑针

●用钩针编织边缘时的挑针方法

下摆挑取共线锁针的里山起针,通过"加针的引返编织"以及"在两端退针的里山挑针加针"编织出弧形。

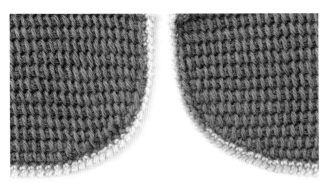
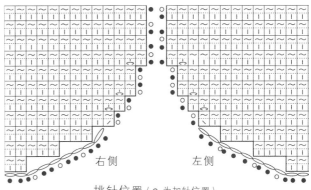

右侧　左侧

挑针位置(○为加针位置)

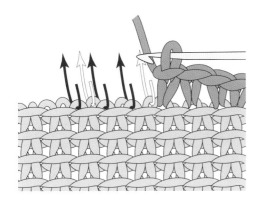

1.左侧行上的挑针方法,与直线的挑针方法相同。

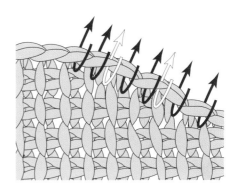

2.左右两侧的锁针起针部分,在锁针的2根线里挑针。加针时,在起针锁针的前面1根线里挑针(如白色箭头所示)。

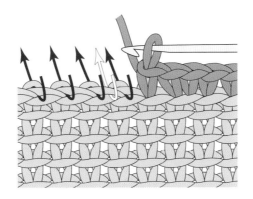

3.右侧行上的挑针方法,与直线的挑针方法相同,在退针和边上1根线里挑针。加针时,只在边针外面的1根线里挑针(如白色箭头所示)。

桂花针的阿富汗针编织
领窝弧线的挑针

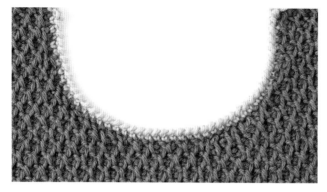 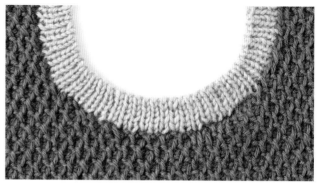

挑针位置 （○ 为加针位置）

右侧   左侧

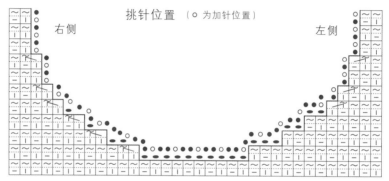

※ 图示为用棒针编织边缘时的挑针方法

右侧和左侧的挑针都与直线的行上的挑针方法相同。整理编织的位置的挑针与"基本阿富汗针编织"时的挑针方法相同。右侧的减针位置的挑针在2针并1针的2针竖针以及退针里一起挑针。

➡ 通常的挑针位置
⇨ 加针位置
⇢ 行与行的交界处（将针插入竖针的中间挑针）

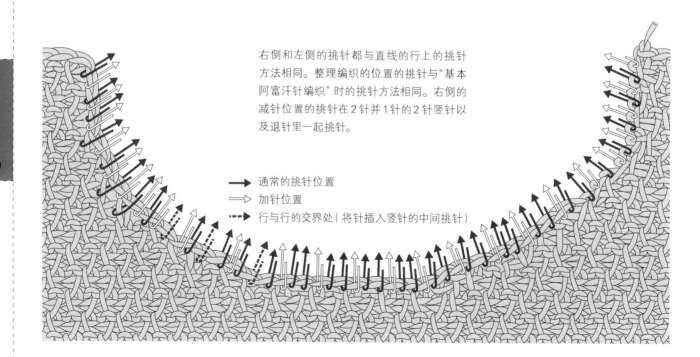

下摆弧线的挑针

●用棒针编织边缘的挑针方法

按符号图另线锁针起针后，左前下摆做加针的引返编织。

右前下摆的平直部分钩锁针起针时，将转角处编织成圆角(参照 p.12)。

2 针以上的加针时，编织完退针后接着编织锁针加针，锁针的针数比所需加针数少1针。

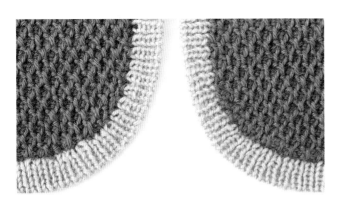

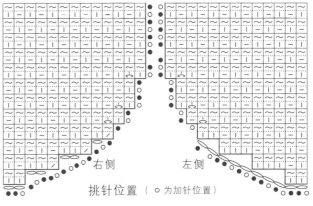

右侧　　　　左侧

挑针位置（ ○ 为加针位置）

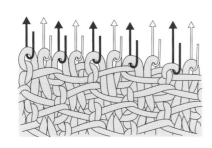

1. 左侧行上的挑针方法。与直线的挑针方法相同。

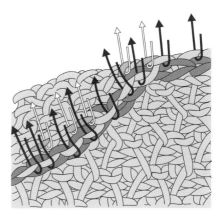

2. 引返编织部分。在保留起针的另线锁针的状态下，在另线锁针的里山与锁针之间的竖针线圈里挑针。加针时，在退针的里山挑针(如白色箭头所示)。

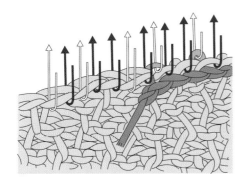

3. 右侧引返位置的挑针方法。在保留另线锁针的状态下，按步骤2的相同方法挑针。加针位置的挑针与"基本阿富汗针编织"时一样，在退针后增加的锁针的2根线里挑针。加针时，在锁针的前面1根线里挑针(如白色箭头所示)。

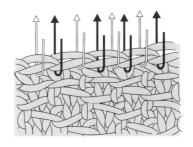

4. 右侧行上的挑针方法。加针时，在边上的2根线里挑针(如白色箭头所示)。

扣眼的编织方法

A：1针的小扣眼

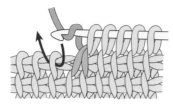

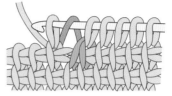

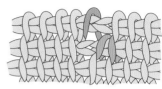

1. 前进时，编织2针并1针和挂针。

2. 下一针编织下针。

3. 后退时，也在挂针里编织退针。

B：横向扣眼（引拔收针）

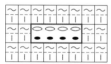

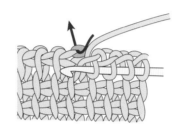

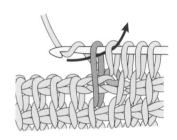

1. 前进时，编织至扣眼处的前面1针，在退针的锁针的里山挑针，将线拉出。

2. 将扣眼的针数（4针）做引拔收针。

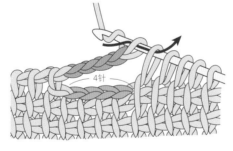

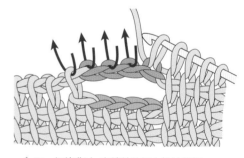

3. 后退时，编织相当于引拔收针针数的锁针（4针）。

4. 下一行前进时，在锁针的里山挑针编织。

要点

纽扣的缝法

带孔纽扣

1. 穿入线环接上线。

2. 缝到织物上，在纽扣的下方绕线制作线脚。根据织物的厚度调整线脚的长度。

带脚纽扣

1. 为了避免线脚的绕线松开，最后在线脚中穿1针。

2. 穿至反面打结固定。

C:横向扣眼（卷针收针）

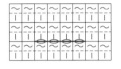

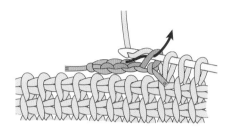

1.前进编织时，在扣眼位置钩织所需针数的另线锁针。

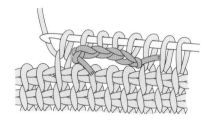

2.在锁针的里山挑针后继续编织。

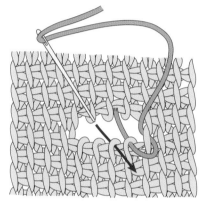

3.编织结束后，解开另线锁针。在手缝针里穿线，用半回针缝的方法在竖针里穿针，注意不要扭转针目。

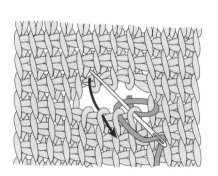

4.每个针目里穿2次针。

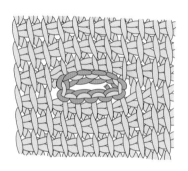

5.完成。

D:纵向扣眼

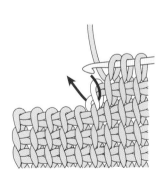

1.先编织扣眼的右侧。左边在前一行的竖针以及退针的锁针（共2根线）里挑针编织。

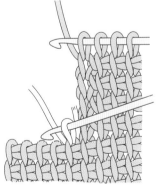

2.编织至所需行数的前进针目时休针备用。加新线，编织左侧。

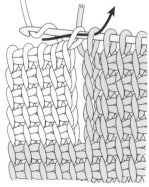

3.编织与右侧相同的行数，后退时将左右两侧连起来编织。

口袋的编织方法

A：贴片式口袋（用钩针钩织一圈边缘）

将另外编织的口袋缝在身片上。

半回针缝

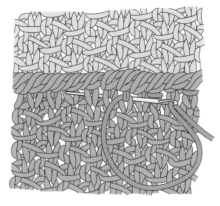

从正面将针插入边缘编织最后一行的根部，用半回针缝的方法紧密缝合。
线如果太粗，可将线分股后再缝合。

藏针缝

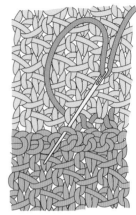

从边缘编织的反面挑针，将口袋与身片做藏针缝缝合。由于从正面看不到缝合线，看上去更加美观。注意缝合得细密一点才能结实耐用。如果线太粗，可将线分股后再缝合。

B：口袋盖

另外编织口袋盖，缝在袋口的上方。此处以桂花针编织的口袋盖为例，最后一行不要做引拔收针。

参照 p.74 "2 片织物均为针目状态的情况" 的接合方法。

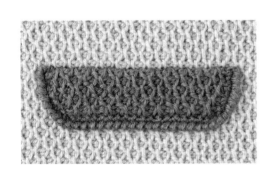

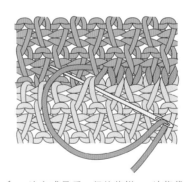

1. 一边完成最后一行的花样，一边将袋盖接合在指定位置。

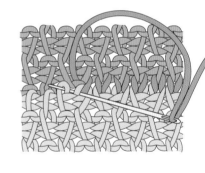

2. 将线拉紧至看不到线迹为止。

要点

分股线的制作方法

将1根线捻松后分成2股的线就叫作分股线，常用于缝合袖子、纽扣和口袋等。
易断的线以及花式线等不适合分股。

向前捻

1. 剪一段30~40cm长的线，在线段中间将线捻松。

2. 合捻的线开始分开。

3. 对半分开。

4. 将分出的线重新捻合，再用蒸汽熨斗熨烫平整。

C：内嵌式口袋

这种口袋非常普遍。一边编织一边制作口袋，最后在袋口编织边缘。
根据身片的花样，边缘部分可以用棒针编织或者用钩针编织。

正面	反面

棒针编织（单罗纹针）的边缘

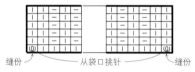

缝份　　从袋口挑针　　缝份

罗纹针边缘挑针时，结合编织密度可适当加针

钩针编织（短针＋反短针）的边缘

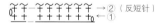

→②（反短针）
←①

反短针的钩织方法

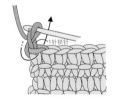

1.看着织物的正面向右钩织。立织1针锁针，如箭头所示转动针头，在前一行边针的头部插入钩针。

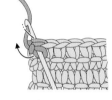

2.从上方挂线，直接拉出至织物的前面。

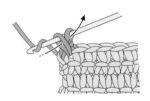

3.针头挂线，引拔穿过2个线圈。

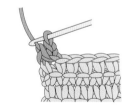

4.反短针完成。

● 编织顺序

袋口休针

1.在口袋位置将袋口部分的针目休针。

基本阿富汗针编织

与袋口相同针数

希望的寸法

2.另外编织口袋内层。

口袋内层

袋口暂时休针

3.从口袋内层挑针，继续编织身片。之后将口袋内层用藏针缝缝在身片反面。

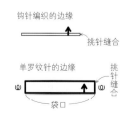

钩针编织的边缘

挑针缝合

单罗纹针的边缘

挑针缝合

袋口

4.在休针的袋口部位编织边缘。

口袋的编织方法

Part 6

●袋口的挑针方法

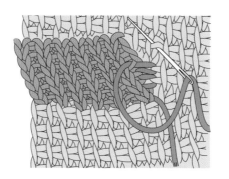

袋口边缘编织的挑针方法。加针时,在退针的里山挑针。

●袋口的处理

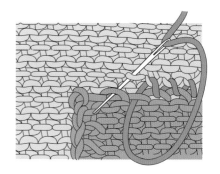

用棒针编织时,将边缘编织部分与身片做挑针缝缝合。

●口袋内层的处理

用藏针缝的方法将口袋内层缝在身片的反面。注意,缝合线迹不要在正面露出。

D: 斜插式口袋

常用于外套和大衣等款式的设计。

阿富汗针编织的织物比较厚实,非常适合编织外套和大衣。

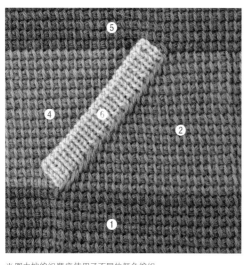

正面

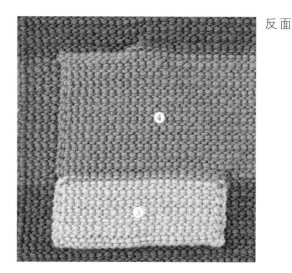

反面

※图中按编织顺序使用了不同的颜色编织

●编织顺序

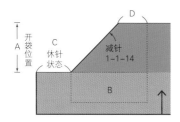

1.编织身片至袋口的下端(茶色),将C部分休针,然后一边编织一边做袋口的减针(蓝色)。

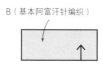

2.编织口袋内层(浅灰色)。

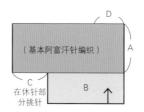

3.从C部分挑针,与B部分连起来编织A部分(绿色)。

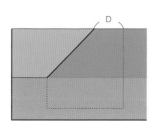

4.重叠身片和口袋内层,继续编织身片。

衣物编织

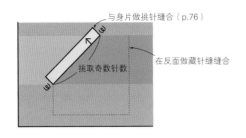

与身片做挑针缝合〔p.76〕

挑取奇数针数

在反面做藏针缝合

5. 袋口部分(浅灰色)编织单罗纹针。挑取合适的罗纹针针数，编织所需宽度。

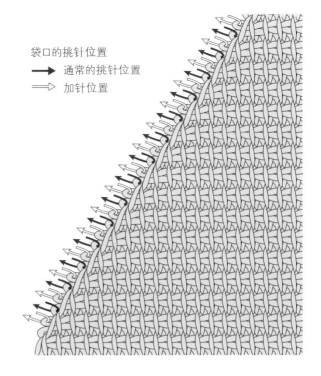

袋口的挑针位置

→ 通常的挑针位置

⇒ 加针位置

要点

钩针编织的扣眼

边缘编织比较窄的设计中，想在身片与前门襟的交界处制作扣眼时，建议使用钩针编织扣眼。

原则上，阿富汗针编织的扣眼两侧需要有4行以上的宽度，但是实际上不会编织那么宽。

此时用下面这种方法编织，扣眼的外侧就会比较厚实。

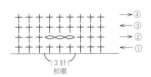

(3针)扣眼

④
③
②
①

1. 钩织短针至扣眼位置，如箭头所示插入钩针，将线拉出。

2. 再次挂线后引拔。

3. 接着在箭头所示位置插入钩针，挂线后拉出。

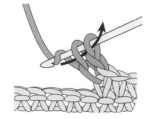

4. 再次挂线后引拔。重复以上操作，钩织所需锁针的针数。

5. 在箭头所示位置插入钩针，挂线后拉出。

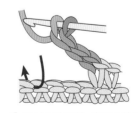

6. 跳过3针短针，在第4针的头部插入钩针，将线拉出。

7. 将刚才拉出的线如箭头所示引拔。

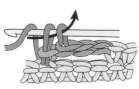

8. 再次挂线后引拔。

9. 有一定厚度的锁针扣眼完成。下一行分开锁针的针目钩织短针。

前开口背心

后身片是基本阿富汗针编织，前身片一边在左侧换线一边编织蓝色和灰色的条纹花样。边缘用蓝色线钩织短针的棱针，显得简洁利落。不妨穿在外套里面，彰显中性干练的气质。

设计／风工房　制作／古谷美智子
使用线／芭贝 British Fine
编织方法／p.112

无纽扣桂花针开衫

这款羊绒开衫的色调沉稳雅致，松软透气的手感令人着迷。无论是正式场合还是休闲场合都无违和感，是一款会被长久珍惜的毛衫。

设计／风工房
使用线／和麻纳卡 Rich More Cashmere
编织方法／ p.113

●**线** 芭贝 British Fine 蓝色（062）125g，灰色（019）35g

●**针** 5.1mm 的阿富汗针（8号），钩针4/0号

●**其他** 直径15mm 的纽扣 6颗

●**编织密度** 10cm×10cm 面积内：基本阿富汗针编织、条纹花样均为21针，17行

●**成品尺寸** 胸围93cm，肩宽33cm，衣长52cm

●**编织要点**

钩锁针起针后开始编织。后身片是基本阿富汗针编织，前身片按"基本阿富汗针编织条纹花样"编织。编织条纹花样时在织物的左端换线，参照符号图减针。肩部做挑针接合，胁部做挑针缝合。下摆、前门襟和领口、袖口钩织短针的棱针。参照图示在右前门襟留出扣眼，在前门襟的转角处加针。最后缝上纽扣。

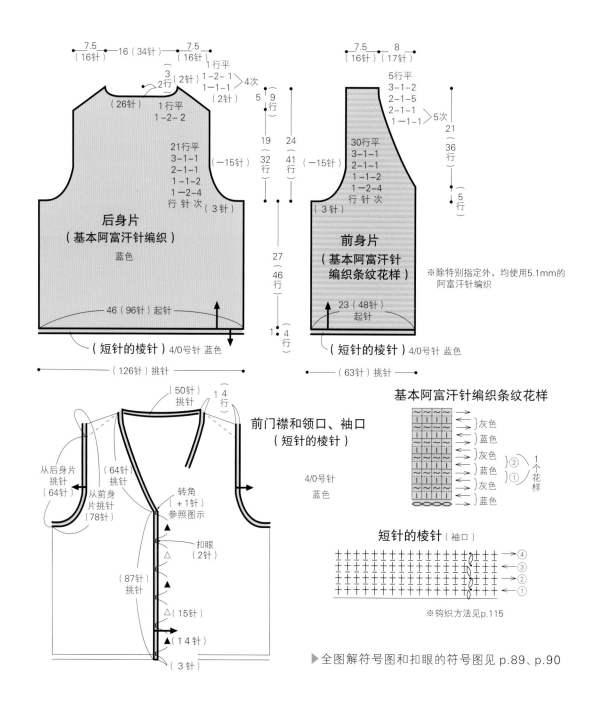

▶ 全图解符号图和扣眼的符号图见 p.89、p.90

How to make

无纽扣桂花针开衫／p.111

● 线　和麻纳卡 Rich More Cashmere　灰色（105）245g，深棕色（120）35g

●针　4.5mm 的阿富汗针（8号），钩针4/0号

●编织密度　10cm×10cm 面积内：桂花针 19 针，14.5 行

●成品尺寸　胸围96cm，肩宽40cm，衣长55cm，袖长44cm

●编织要点

钩锁针起针后开始编织。身片和袖了均做桂花针的阿富汗针编织，后退时都先编织退针的2针并1针。参照符号图做加、减针。袖子编织结束时，做桂花针的引拔收针。肩部做盖针接合，胁部做挑针缝合。下摆、前门襟、领口、袖口钩织短针的棱针。袖子与身片之间做针与行的接合。

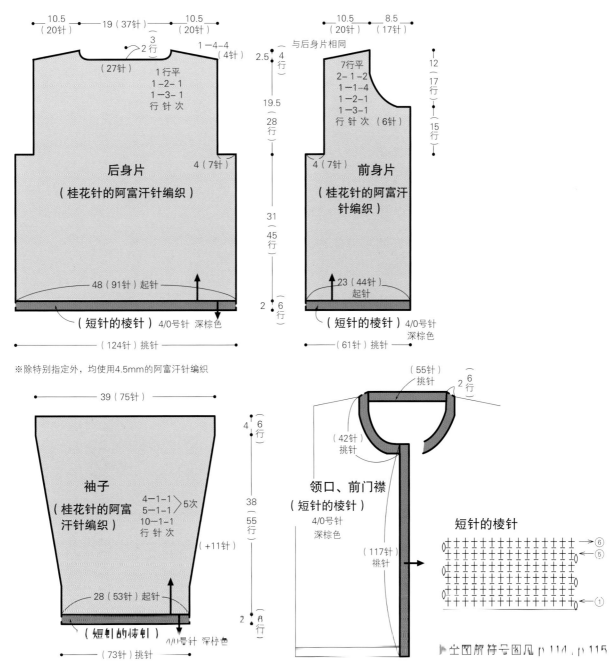

桂花针的阿富汗针编织

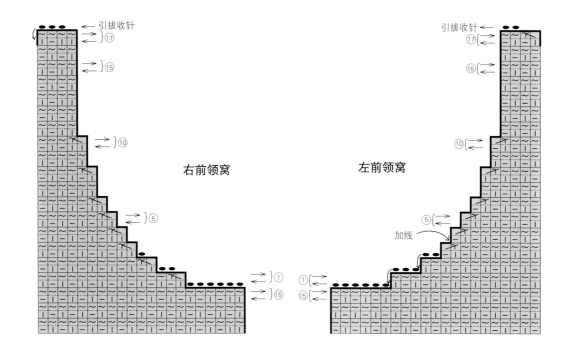

右前领窝

左前领窝

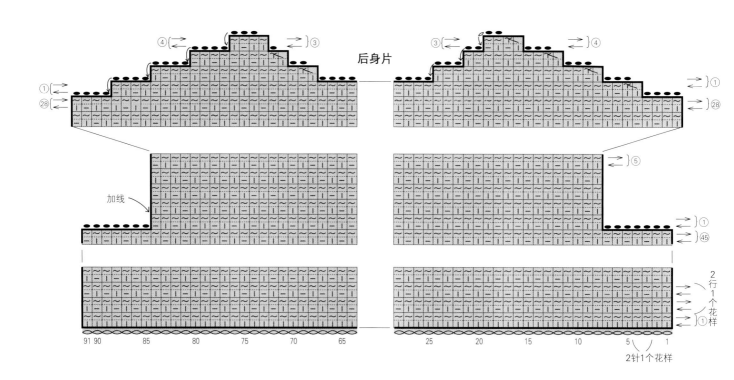

后身片

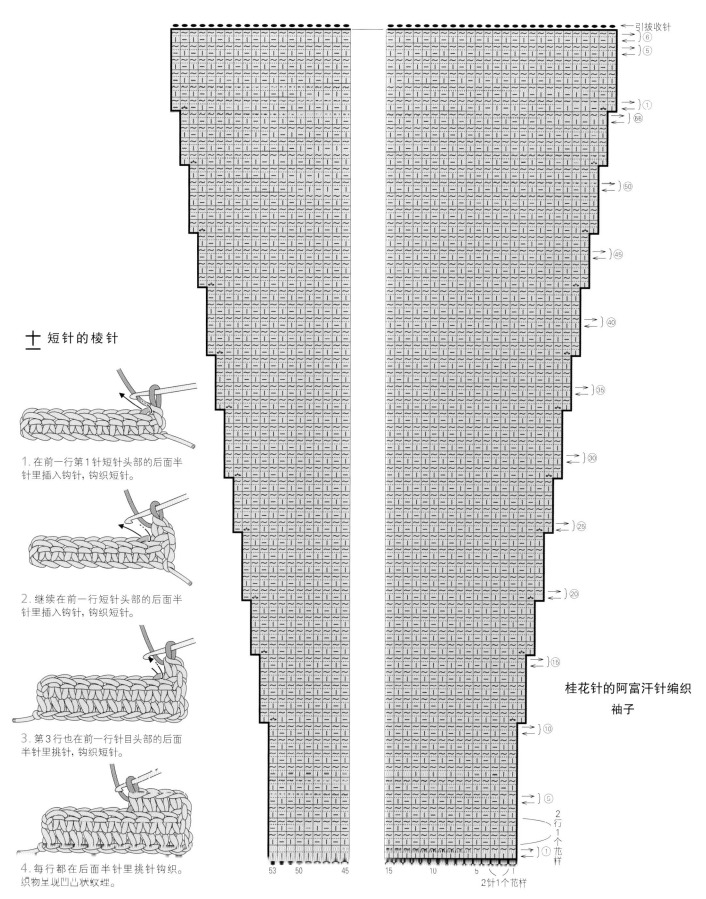

十 短针的棱针

1. 在前一行第1针短针头部的后面半针里插入钩针,钩织短针。

2. 继续在前一行短针头部的后面半针里插入钩针,钩织短针。

3. 第3行也在前一行针目头部的后面半针里挑针,钩织短针。

4. 每行都在后面半针里挑针钩织。织物里现凹凸状纹理。

引拔收针
⑥
⑤
①
66
50
45
40
35
30
25
20
15

桂花针的阿富汗针编织
袖子

10
⑤
2行1个花样
①
2针1个花样

53 50 45

15 10 5

2针1个花样

115

Part 7
双 头 阿 富 汗 针 编 织

使用两头都有钩子的双头阿富汗针进行编织。用一头的钩子编织前进针目，用另一头的钩子编织后退针目。前进编织和后退编织时分别用不同颜色的线朝相同方向编织，可以一圈圈地做环形编织，这也是双头阿富汗针编织的一大特点。

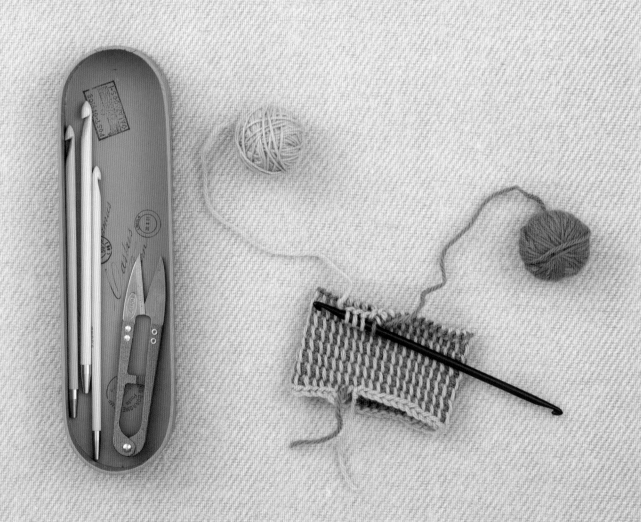

双头阿富汗针的种类

下面几种双头阿富汗针的编织方法相同。

因为短针很快就会挂满针目，编织几针后就要翻转织物编织退针。

环形编织小物件时，短针使用起来非常方便。

编织大件作品时，建议使用长针或者可替换针绳的环针。

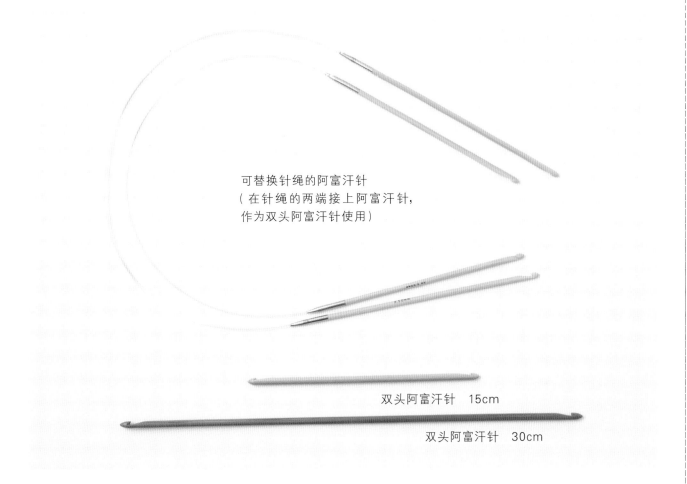

可替换针绳的阿富汗针
（在针绳的两端接上阿富汗针，
作为双头阿富汗针使用）

双头阿富汗针　15cm

双头阿富汗针　30cm

用阿富汗针编织的织物（基本阿富汗针编织）

从双头阿富汗针编织的织物来看，退针的锁针是从右往左连续的。

与单头阿富汗针编织的织物做一下比较吧。

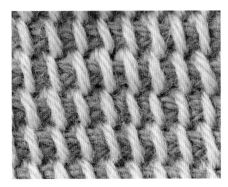

双头阿富汗针编织

单头阿富汗针编织

起针

双头阿富汗针编织的起针❶…将起针的锁针连接成环形

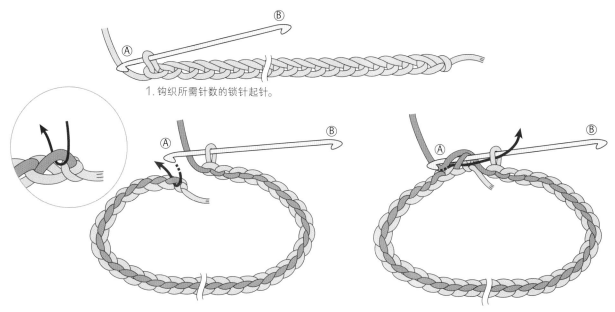

1.钩织所需针数的锁针起针。

2.将阿富汗针的针头Ⓐ插入锁针起始针的里山。此时,注意锁针不要扭转。

3.挂线后如箭头所示引拔,将锁针的起针连接成环形。

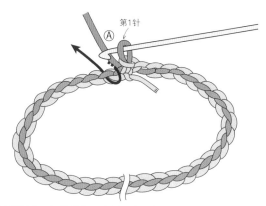

4.这就是第1行前进编织的第1针。接着按相同的方法将针插入里山继续挑针。

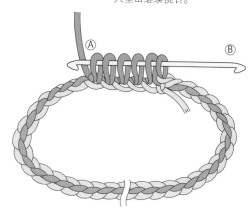

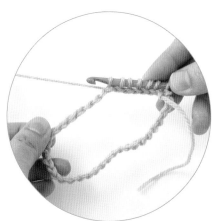

5.用针头Ⓐ从里山挑取前进针目。

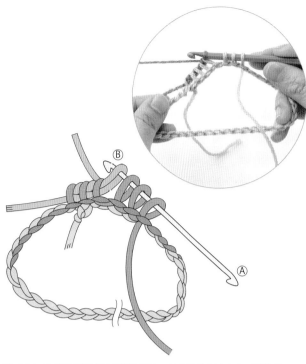

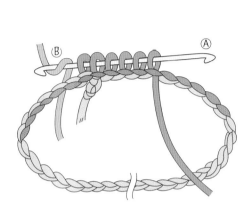

6. 挑取足够多的前进针目后，翻转织物。加入另外一根线用另一端的针头Ⓑ编织退针。

7. 此时，注意不要编织退针到最后。务必留出3针左右，翻转织物后继续编织。

8. 重复"用针头Ⓐ挑取足够的前进针目，再次翻转织物，用针头Ⓑ编织退针"，继续环形编织。在两行的交界处放入记号扣。

9. 图中是编织第6行前进针目时的状态。

要点

什么是双头阿富汗针编织的"追针"？

双头阿富汗针编织中，有时将退针叫作"追针"。

因为双头阿富汗针编织时，

并不是在前进方向的针目里往回编织退针，

而是从后面"追赶"着前进针目继续编织。

所以，这里的"追针"和"退针"其实是同一个意思，表示同一种编织方法。

双头阿富汗针编织的起针❷…在第2行的编织起点连接成环形

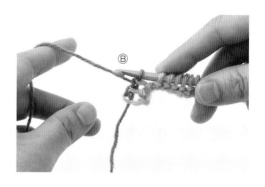

1.钩所需针数的锁针起针。与单头阿富汗针编织时一样，用针头Ⓐ编织前进针目。

2.前进针目编织结束后翻转织物，加入另外一根线用针头Ⓑ编织退针。

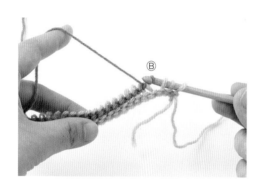

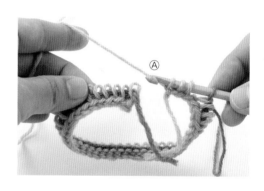

3.剩下3针左右的前进针目，翻转织物，连接成环形。

4.一边注意锁针起针的线环不要扭转，一边用针头Ⓐ在第1行最初的竖针里挑针，编织第2行的前进针目。

5.重复"用针头Ⓐ挑取足够的前进针目，再次翻转织物，用针头Ⓑ编织退针"。

6.编织起点位置用手缝针将锁针连接在一起并处理好线头。需要注意的是，这种方法与起针❶的方法相比容易出现行差。

双面阿富汗针编织

没错，是"双面"！使用双头阿富汗针可以编织出相同花样不同配色的双面织物。
当然也可以环形编织，请试试应用在各种作品中吧。

正面   反面

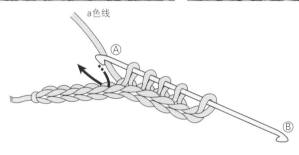

1. 第1行。用a色线钩锁针起针，用针头Ⓐ在锁针的里山挑针编织前进针目。

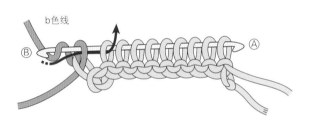

2. 翻转织物，加入b色线，用针头Ⓑ编织第1行的退针。

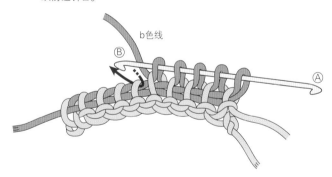

3. 第2行看着织物的反面继续用针头Ⓑ和b色线编织下针。（符号图是上针，实际编织下针。）

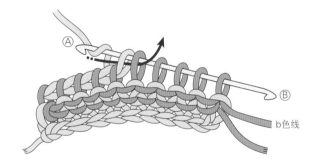

4. 翻转织物，用针头Ⓐ和a色线编织退针。

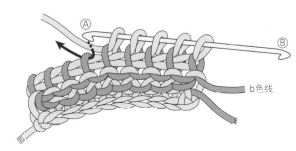

5. 第3行。直接用a色线编织前进针目。

围脖

挑战一下双头阿富汗针编织吧！交替使用
两端的针头进行环形编织。灵活运用下
针、平针、反针这 3 种针法编织的 3 色格
纹花样，色调清新柔和。

设计／林 琴美
使用线／和麻纳卡 Amerry
编织方法／p.124

条纹花样的抱枕套

将针插入退针的下方，在针目与针目之间
挑针编织，这就是"叠针"。就像榻榻米
一样相互交织的纹理透着一股和风的韵
味。鲜艳的黄色条纹为作品增添了一抹亮
色。

设计／林 琴美　制作／今泉史子
使用线／芭贝 Queen Anny
编织方法／p.125

How to make
围脖／p.122

●**线**　和麻纳卡 Amerry 浅蓝色（15）30g，柠檬黄色（25）15g，原白色（20）10g

●**针**　3.9mm 的双头阿富汗针（6号）

●**编织密度**　10cm×10cm 面积内：条纹花样 21.5 针，18行

●**成品尺寸**　宽13cm，颈围56cm

●**编织要点**

锁针起针后，按条纹花样编织。从第1行的锁针上挑针时，重复"从锁针的里山挑取3针后，跳过3针锁针"（装饰性起针）。从第2行开始连接成环形，参照符号图编织。编织结束时，一边按最后一行编织一边做引拔收针，每隔3针引拔收针钩3针锁针。

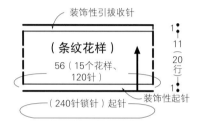

※全部使用3.9mm的双头阿富汗针编织

配色
- □ =浅蓝色
- ▨ =原白色
- ▧ =柠檬黄色

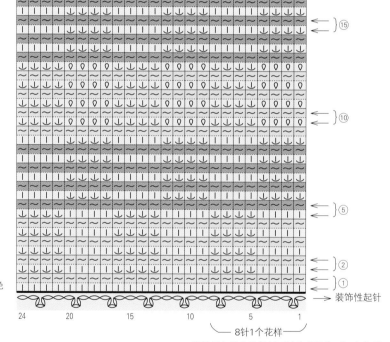

※装饰性起针和装饰性引拔收针均为3针1个花样

⊥ = 反针 p.33

⌄ = 平针 p.27

实物粗细

How to make
条纹花样的抱枕套／p.123

●线　芭贝 Queen Anny 藏青色（828）90g，芥末黄色（104）65g，深绿色（971）60g
●针　4.5mm 的双头阿富汗针（8号），钩针6/0号
●其他　直径25mm 的纽扣 7颗，35cm×35cm 的枕芯
●编织密度　10cm×10cm 面积内：条纹花样 19 针，18 行
●成品尺寸　35cm×35cm

●编织要点

锁针起针后，按条纹花样环形编织。编织 64 行后，一边编织反针一边做引拔收针。将织物的正面翻至内侧，使编织起点位置位于后片中心，将编织终点处做半针的卷针接合，编织起点将内端各 7.5cm 做半针的卷针接合，剩下部分作为枕芯的塞入口。在 侧钩织纽襻，在另一侧缝上纽扣。

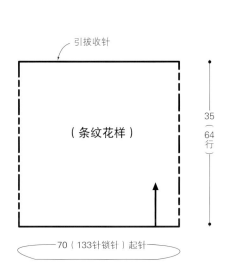

引拔收针

（条纹花样）

35（64行）

70（133针锁针）起针

※全部使用4.5mm的双头阿富汗针编织

组合方法

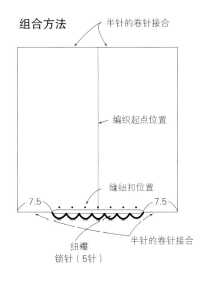

半针的卷针接合

编织起点位置

缝纽扣位置

7.5　7.5

纽襻
锁针（5针）

半针的卷针接合

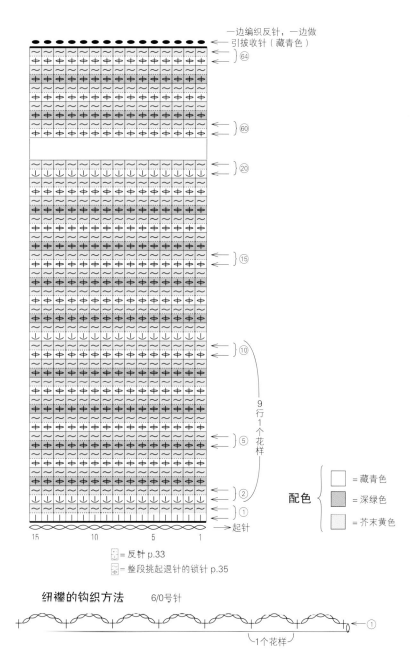

一边编织反针，一边做
引拔收针（藏青色）

64
60
20
15
10
9行1个花样
5
2
1
起针

15　　10　　　1

配色
□ ＝藏青色
▨ ＝深绿色
▧ ＝芥末黄色

⊞ ＝反针 p.33
⊟ ＝整段挑起退针的锁针 p.35

纽襻的钩织方法　6/0号针

1个花样

①

125

ICHIBAN YOKU WAKARU AFGHAN AMI NO HON（NV70543）

Copyright © NIHON VOGUE-SHA 2019 All rights reserved.

Photographers: YUKARI SHIRAI，NOBUHIKO HONMA

Original Japanese edition published in Japan by NIHON VOGUE Corp.

Simplified Chinese translation rights arranged with BEIJING BAOKU

INTERNATIONAL CULTURAL DEVELOPMENT Co., Ltd.

版权所有，翻印必究

备案号：豫著许可备字-2020-A-0022

图书在版编目（CIP）数据

最详尽的阿富汗针编织入门教程 / 日本宝库社编著；蒋幼幼译 . —郑州：河南科学
技术出版社，2020.11（2022.6 重印）

ISBN 978-7-5725-0179-1

Ⅰ.①最… Ⅱ.①日…②蒋… Ⅲ.①绒线－手工编织－图集 Ⅳ.① TS935.52-64

中国版本图书馆 CIP 数据核字（2020）第 190025 号

出版发行：河南科学技术出版社
　　　　　地址：郑州市郑东新区祥盛街27号　　邮编：450016
　　　　　电话：（0371）65737028　65788613
　　　　　网址：www.hnstp.cn
策划编辑：刘　欣
责任编辑：刘　欣
责任校对：马晓灿
封面设计：张　伟
责任印制：张艳芳
印　　刷：河南新华印刷集团有限公司
经　　销：全国新华书店
开　　本：889 mm×1 194 mm　1/16　印张：8　字数：200千字
版　　次：2020年11月第1版　　2022年6月第2次印刷
定　　价：49.80 元

如发现印、装质量问题，影响阅读，请与出版社联系并调换。

河南科学技术出版社
精品图书推荐

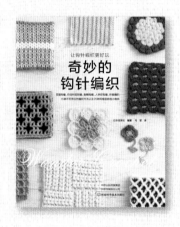

一看即懂的
棒针编织符号

KNITTING SYMBOL BOOK

一看即懂的
钩针编织符号

CROCHET SYMBOL BOOK

北尾惠美子
零基础发卡蕾丝编织

68. ENJOY HAIRPIN LACE!

西村知子的
英文图解编织教程＋英日汉编织术语

内容全面、简单易懂
钩针编织
针法符号118和编织花样123

风工房
费尔岛编织
使用额外加针的终极配色编织技法

冈本启子
钩针编织作品集

Keiko Okamoto Knit Book
冈本启子棒针编织作品集

河南科学技术出版社
精品图书推荐